梯级水电站大坝运行安全智能管控理论与实践

沈定斌　陈建康　张建军　杨志明　李艳玲　黄会宝　著

中国水利水电出版社
www.waterpub.com.cn
·北京·

内 容 提 要

本书以大坝运行安全智能管控理论为基础，以典型流域梯级大坝运行安全管控实践为示例，探讨新时期大坝安全智能管控的新思路和新模式，系统介绍信息智能感知、多源信息融合辨识、风险评估与预警响应等大坝安全智能管控新理论、新方法和新技术，并结合大渡河流域梯级大坝安全管理成果，提出了流域梯级坝群运行安全信息集控管理、风险在线监控与动态评估、风险预警与应急响应的技术方案。

本书内容全面、系统，前沿性和实用性强，具有较高的学术价值。本书对从事大坝安全评价和运行管理人员具有重要参考价值，可作为大坝运行安全管理培训班、相关专业大学生、研究生教材。

图书在版编目（CIP）数据

梯级水电站大坝运行安全智能管控理论与实践 ／ 沈定斌等著. -- 北京：中国水利水电出版社，2022.12
ISBN 978-7-5226-1399-4

Ⅰ. ①梯… Ⅱ. ①沈… Ⅲ. ①梯级水电站－大坝－安全管理 Ⅳ. ①TV74

中国版本图书馆CIP数据核字(2022)第256907号

书　　名	**梯级水电站大坝运行安全智能管控理论与实践** TIJI SHUIDIANZHAN DABA YUNXING ANQUAN ZHINENG GUANKONG LILUN YU SHIJIAN	
作　　者	沈定斌　陈建康　张建军　杨志明　李艳玲　黄会宝　著	
出版发行	中国水利水电出版社 （北京市海淀区玉渊潭南路 1 号 D 座　100038） 网址：www. waterpub. com. cn E - mail：sales@mwr. gov. cn 电话：(010) 68545888 （营销中心）	
经　　售	北京科水图书销售有限公司 电话：(010) 68545874、63202643 全国各地新华书店和相关出版物销售网点	
排　　版	中国水利水电出版社微机排版中心	
印　　刷	天津嘉恒印务有限公司	
规　　格	170mm×240mm　16 开本　12 印张　235 千字	
版　　次	2022 年 12 月第 1 版　2022 年 12 月第 1 次印刷	
定　　价	**58. 00 元**	

大坝运行安全攸关国计民生，备受各国政府及业界高度关注。纵观国内外大坝失事原因，除设计、建造缺陷，超标洪水，地震等极端环境外，对大坝故障与安全态势的感知、识别及预警不足，安全监管缺位等亦是主控原因之一。为确保大坝长期安全、高效服役，多年来，通过不断建立健全水库大坝安全管理法规制度和技术标准体系，大力推动水管理体制改革，全面落实大坝安全责任制，强化水库大坝安全监管等一系列扎实有效的工作，我国水库大坝安全状况得到根本性改善，大坝安全管理水平得到大幅提升，在大坝安全管理模式、大坝安全管控理论与技术等方面取得了丰富的成果。为了推动新时期水利与能源建设高质量发展，加快构建智慧水利与智慧能源体系，国家相关部委颁布了关于大力推进智慧水利建设及智慧能源发展的指导意见，明确了总体目标和重点任务；相关部门针对大坝安全在线监控和智能管控等也提出了具体要求，陆续颁布了水库大坝信息化与智能化建设的标准体系等，有力推动了大坝运行安全智能管控的发展进程。

我国已建水库大坝 9.8 万余座，数量位居世界第一。水库大坝赋存地形、地质与运行环境复杂，大坝安全风险源多、隐蔽性强、预报预警及防控难度大。如何全面感知和辨识大坝运行安全信息，实时动态评估其服役性态，智能识别并管控其安全风险，提高暴雨、洪水、地震等极端环境下的应急处置能力，保障水库大坝长期安全、高效运行，是国家大坝安全管理的迫切需求。近年来，随着现代测控技术及互联网、云平台、大数据、人工智能、计算机等高新技术的快速发展，水库大坝运行安全智能管控与智慧管理水平也得以快速提高，国内外相关学者及本书作者团队在大坝运行安全风险智能管控技术领域也取得了丰富的研究与实践成果，作者深感编著一本反映大坝运行安全智能管控最新成果的书籍十分必要。

本书融合作者多年从事大坝安全管理领域的理论与创新实践经验，深入介绍监测数据智能获取、数据异常在线辨识、大坝安全实时监控与预警响应等核心技术，并结合大渡河流域库坝安全智能管控平台建设成果，系统介绍了大渡河流域大坝运行安全管控、安全风险在线监控系统的建设与运用，同时对大坝运行安全管控的创新模式进行了有益探索。

全书共分8章，主要内容包括绪论、大坝运行安全管控模式、大坝安全监测技术、大坝安全监测数据异常辨识方法、大坝安全在线监控及预警响应技术、大渡河流域大坝运行安全管控平台、大渡河流域大坝运行安全风险在线监控系统和大坝运行安全风险管控发展趋势等，可供从事大坝设计、施工、运行及评价专业人员参考，也可作为相关专业本科、研究生及职工培训教材。

本书第1章由沈定斌、陈建康、裴亮、周靖人执笔，第2章由张建军、李艳玲、黄会宝执笔，第3章由杨志明、柯虎、周靖人、陈辰、彭涛、卢祥执笔，第4章由李艳玲、陈建康、黄会宝执笔，第5章由陈建康、沈定斌、裴亮执笔，第6章由吴震宇、张建军、赵杰、高志良、巨淑君执笔，第7章由沈定斌、张瀚、李艳玲、黄会宝执笔，第8章由陈建康、吴震宇、江德军执笔，全书由沈定斌、陈建康统稿。

本书在研究和编写过程中，得到了相关单位及有关专家、同行的大力支持，同时，也吸收了国内外专家学者在这一领域的最新研究成果，在此一并表示衷心感谢！

由于作者水平有限，加之时间仓促，书中一些观点、方法难免存在不同看法，甚至出现一些错误，敬请各位专家和读者给予批评指正。

作者

2022年6月于成都

目　录

1

绪 论

1.1 大坝安全管理现状与趋势

1.1.1 大坝安全管理现状

在国外大坝安全管理体系中，通常由业主进行大坝日常运行维护及安全检查、检测等，并定期向管理机构提交大坝安全评价报告。政府则负责制定法律法规，设置监管机构，对大坝业主实施监督。美国、瑞士、澳大利亚等国家从法律上规定了业主对大坝安全负责，形成了相对完备的法律体系，详细规定了设计、施工、运行各个阶段的安全管理内容。如美国《水资源开发法案》中的"国家大坝安全项目（NDSP）"将分散的管理机构和部门纳入完整的管理体系，并明确了具体分工。瑞士颁布了《大坝法》《大坝管理条例》等，对大坝安全监控模式、内容、制度等做出了具体要求。在应急预案方面，欧美国家的法律法规明确要求大坝业主和管理部门必须制定简洁明了的应急行动方案，规定了各级政府、业主、管理人员、军队、消防和警察等人员的责任。

随着水库大坝安全管理法律法规的不断完善，大坝安全管理的理念也已经发生了巨大的变化。在 20 世纪 80 年代以前，国内外普遍将大坝安全狭义地理解为坝体结构的现状与规范要求指标的符合程度，只要大坝不破坏、恶化和溃决，则认为大坝就是安全的。20 世纪 90 年代后，大坝安全的理念已经包括了工程安全与公共安全，即风险理念。1991 年，加拿大不列颠哥伦比亚水电公司（BC Hydro）率先将风险分析方法引入大坝安全评估，贯穿于设计、施工、运行管理全过程，其核心指标是避免溃坝，保护下游生命、财产安全，同时考虑业主的经济利益。此后，澳大利亚大坝委员会（ANCOLD）、美国陆军工程师兵团（USACE）等机构相继发布着重考虑事故后果的大坝评价与管理指南。近年来，伊朗、墨西哥等国也开始本国的水库大坝风险研究。

我国已建成投运 9.8 万余座水库大坝，是世界上拥有水库大坝最多的国家，也是世界上拥有 100m、200m 及以上高坝最多的国家，具有总量多、分布广、坝型种类多、高坝特高坝多等特点，大坝安全管理任务繁重复杂。我国大坝安全管理按照主管部门的不同，主要分为水库大坝和水电站大坝。水库大坝以灌溉、防洪、供水等为主，由国务院水行政主管部门会同国务院有关主管部门对全国的水库大坝安全实施监督，县级以上地方人民政府水行政主管部门会同有关主管部门对本行政区域内的大坝安全实施监督。各级人民政府及其水库主管部门对其所管辖大坝的安全实行行政领导负责制，各级水利、能源、建设、交通、农业等有关部门是其所管辖大坝的主管部门。水电站大坝以发电为主，电力企业是水电站大坝运行安全的责任主体。国家能源局负责大坝运行安全综合监督管理，其派出机构具体负责本辖区大坝运行安全监督管理，国家能源局大坝安全监察中心负责大坝运行安全技术监督管理服务。

我国在水库大坝运行安全管理起步阶段，通过学习、借鉴与总结苏联实践经验，编制了相关技术规范、手册等，用以指导水库大坝观测与养护等工作，如1965年原水利电力部水利管理司颁布了《水工建筑物观测工作手册》《水工建筑物养护修理工作手册》等系列技术标准，初步规范了水库大坝的养护和安全观测工作。总体而言，从新中国成立到20世纪70年代末，我国大坝安全管理基本属于粗放管理阶段。改革开放以来，水利部陆续颁布施行了《土坝观测资料整编办法》《水库工程管理通则》等系列行业技术和管理标准，通过完善水库大坝安全法规与标准体系，大力推进水库管理体制改革，全面加强水库大坝安全管理，落实大坝安全责任制，开展病险水库除险加固，加强大坝安全应急管理，加强水库管理队伍建设等一系列扎实工作，使我国大坝安全状况和管理水平大幅度提高。自1989年发布《中华人民共和国标准化法》《行业标准管理办法》开始，水利行业技术标准逐渐体系化，水库大坝安全管理有关的技术标准也得到大力发展与完善，其中《水库大坝安全管理条例》便是第一部水库大坝安全管理的行政法规，为加强大坝安全管理发挥了关键作用，对我国大坝安全管理模式的转变和提升发挥了重要作用。近年来，水利部门进一步加强工程运行管理和科学调度，大力推进水库管理的规范化、法制化、标准化和现代化建设，确保了大坝安全运行和水库综合效益的充分发挥。

水电站大坝安全管理以企业为责任主体，政府承担监管责任。在水电站大坝全生命周期内，政府主管部门通过大坝安全注册及备案登记、大坝安全定期检查、大坝安全管理信息化建设与远程在线管理、大坝安全监测管理、除险加固管理、应急管理、退役管理等监管措施，监督电力企业严格按照法律法规和技术标准的规定开展水电站大坝的各项运行管理工作，确保其安全运行。

水库大坝安全管理工作是水利行业安全生产管理工作的重要一环，其管理的对象、目标和流程均应随着社会经济的发展与时俱进，目前水库大坝安全管理正从传统方式向信息化和智能化、从静态向动态转变，从"工程安全"向

"系统安全"转变，从传统的零散式、粗放式管理，逐步过渡到"集约化、专业化、社会化"管理。为此，应全面推进现代科学技术在水库大坝安全管理工作中的应用，建设智慧型大坝安全管控平台，实现精细化、远程化、可视化的动态管理，不断提升我国大坝安全管理现代化水平。

1.1.2　大坝安全管理面临的挑战

水库大坝是调控水资源时空分布、优化水资源配置的主要工程措施，其长期安全、高效运行攸关国计民生，历来受到党和政府的高度重视。党的十八大以来，习近平总书记多次就水库大坝安全作出重要批示，要求加强水库大坝隐患排查，确保水库大坝安全运行。受地震、暴雨洪水、地质灾害等自然风险和规划、设计、施工、运行等人为风险及上游堤坝破坏与溃决等工程风险的综合影响，大坝安全事故仍无法完全避免。多年来，通过全面落实大坝安全责任制，建立健全水库大坝安全管理法规制度和技术标准体系，大力推动水管体制改革，强化水库大坝安全监管等一系列扎实有效的工作，我国水库大坝安全状况得到根本性改善，管理水平得到大幅提升。经过长期的研究与实践，我国在大坝安全管理模式、理论与技术等方面取得了丰富的成果，但新形势下仍面临诸多挑战。

1. 管理模式不够成熟，管理体系尚不健全

现代大坝安全管理已逐步从传统的零散式、粗放式管理，向"集约化、专业化、社会化"管理过渡，但仍存在管理模式不够成熟、管理体系不够健全等问题。随着国家智慧水利、智慧能源建设的不断深化，如何进一步提升大坝安全风险识别和安全决策管理的智能化水平，提高大坝安全风险防控能力，全面提升流域大坝安全管理科学决策水平和安全保障能力，是业界普遍关注的热点问题。有必要借助新技术，融合新理念，优化资源配置，不断提升工程安全监测信息化程度，创新水库大坝安全管理模式，实现从传统管理到风险防控与智慧化管理的跨越。

2. 大坝安全信息智能感知与远程集控水平尚待提升

目前，在大坝安全监测中，仍存在监测效率低、精度低、设备陈旧、稳定性差等问题，尤其是在恶劣天气或地质灾害的情况下，难以保证监测信息的准确性和及时性。据统计，目前约66%的大型水库建立了大坝安全自动化监测系统，实现了监测信息的远程采集和高效管理，具备监测信息分析的初级功能，实现了大坝安全运行状况的实时监控，但安全信息孤岛现象明显，多源数据融合、挖掘能力仍有不足，大坝安全状态评判与预报预警等功能尚有欠缺，不能满足现代大坝安全在线监控的要求。

3. 大坝运行安全管控的智能化程度不足

大坝安全管理信息量庞杂，运行安全管控难度大，特别是关于监测数据挖

掘与辨识修复、大坝安全风险实时评估与预警等智能分析理论与方法尚未得到系统性突破，严重制约着我国大坝运行安全智能化发展进程。随着云计算、物联网、大数据、移动互联和人工智能等新一代信息技术的快速发展与应用，如何推进大坝运行安全大数据与安全智能管控的深度融合，全面提升大坝安全管理智能化水平和安全保障能力，是我国大坝安全管理面临的主要挑战。

4. 水库大坝应急管理水平与技术能力有待提高

随着全球气候变化逐渐加剧，极端暴雨、特大洪水、地震、地质灾害、异常干旱、超强台风等极端事件出现的频率和强度有所增加，而大坝安全管理中仍存在水情、工情的监测设施不完善、精度不高、监控体系与标准不健全，对安全风险的预报预警能力不足等问题，部分应急预案未能真正发挥科学指导水库大坝突发事件应急处置的作用，导致水库险情时有发生，造成重大损失和不良社会影响，反映出当前水库大坝应急管理水平与技术能力仍显不足。

1.1.3 大坝安全管理发展趋势

为贯彻习近平新时期治水思路和网络强国战略思想，2021年《中华人民共和国国民经济和社会发展第十四个五年规划和2035年远景目标纲要》明确指出，构建智慧水利体系，以流域为单元提升水情测报和智能调度能力。水利部按照"需求牵引、应用至上、数字赋能、提升能力"总要求，于2021年颁发了《关于大力推进智慧水利建设的指导意见》《"十四五"智慧水利建设规划》《智慧水利建设顶层设计》和《"十四五"期间推进智慧水利建设实施方案》等政策，明确指出推进智慧水利建设是推动新阶段水利高质量发展的实施路径之一，需要全面推进算据、算法、算力建设，加快构建智慧水利体系，同时明确了智慧水利建设目标、建设任务等内容。随着社会经济的不断发展和智慧水利建设的不断深入，新时期我国大坝安全管理发展面临新的挑战与发展趋势。

1. 大数据驱动的大坝安全风险智能管控

融合大数据、人工智能等先进技术，深化智能感知、智能分析评判、智能辅助决策等大坝安全管理关键技术研究，着力推进大坝运行安全大数据与风险智能评估的深度融合，全面提升大坝安全管理科学化水平和安全保障能力，是我国大坝安全管理面临的主要挑战，也是未来发展的必然趋势。

2. 基于数字孪生的大坝运行安全管控

随着高精度传感技术、多源数据融合技术、数据全生命周期管理技术及高性能计算技术的不断发展，大坝运行安全管控智能化、智慧化发展前景变得更加广阔，并开始向着基于数字孪生的大坝运行安全管控方向迭代演进。基于数字孪生的大坝运行安全管控在集成多学科先进技术的基础上，实现大坝施工、蓄水、运行全过程安全监控，以及复杂运行环境下大坝安全风险的实时分析诊断、预报预警和推演调控，是现代大坝安全管理发展的必然趋势。

3. 流域梯级坝群安全协同管控

随着大江大河的规模化梯级开发，流域梯级坝群系统安全问题成为政府与业界普遍关注的热点。梯级坝群赋存气象、地质与运行环境复杂，风险源多，隐蔽性强，且具有明显的叠加、累积和放大效应，动态辨识与防控难度大，影响范围和程度更加深远。目前，在流域梯级坝群安全管控中尚未充分考虑库坝单元与梯级坝群整体安全的关联性，梯级多源风险协同调控智能化程度低，安全协同管控能力有待提升。如何建立坝群安全协同管控的新型管理模式和沟通协调机制，打通信息共享和部门管理壁垒，搭建流域梯级坝群安全风险协同管控平台，实现信息互联互通、部门间深度协作、流域风险全覆盖闭环管控，实现流域坝群效益最大化和安全风险最小化，尚需深入研究。

1.2 大坝变形与渗流监测技术进展

1.2.1 大坝变形监测技术

在大坝变形监测方面，传统人工监测主要依靠经纬仪、全站仪、水准仪等监测仪器，但这种方法存在工作量大，测量精度受环境影响较大等不足。随着自动化监测技术在大坝变形监测中的应用，如静力水准仪、引张线仪、激光准直系统等，实现了大坝安全监测数据的在线获取。

进入 21 世纪后，一些高新技术也逐渐应用到大坝变形监测中，具有代表性的有合成孔径雷达 SAR（Synthetic Aperture Radar）、地基合成孔径雷达 GB-SAR（Ground-Based Synthetic Aperture Radar）、三维激光扫描、无人机航测、测量机器人 TPS（Total Station Positioning System）、全球导航卫星系统 GNSS（Global Navigation Satellite System）等技术。

合成孔径雷达是一种主动式微波传感器，可以不分昼夜地获取数据，具有全天时、全天候的工作能力，能够在不同的微波频段下得到地面目标的高分辨率图像。但合成孔径雷达数据质量受到多种因素的影响，精度受到一定的限制，且雷达卫星具有固定的运行周期，难以满足突发灾害和快速变形监测的要求。

为此，相关学者研发出了地基合成孔径雷达测量技术，该技术可根据观测场景选择最佳观测视角及根据目标动态特性选择合适的时间基线。

三维激光扫描监测技术是利用激光测距的原理，大面积、高分辨率、快速地获取大坝表面连续、完整、丰富的监测信息，测量精度相对较高。

无人机航测技术是借助无人机大范围摄像实现数据采集和调查分析，具有成本较低、贴近监测等优势。

测量机器人技术是由激光、通信及微型望远镜技术集成，自带电动马达，可自动进行目标识别、照准、测距、记录与计算，采集效率高、数据可靠，减少了人工误差，具有较高的监测精度，为工程外部变形监测提供了很好的技术手段，在葡萄牙 Santa Luzia 拱坝、瀑布沟心墙堆石坝等国内外众多大坝中应用成效较好，但仍存在单测站视场角有限、环境干扰大、野外防护难，后期维护量大等不足。

全球导航卫星系统，包括 GPS 系统、GLONASS 系统、Galileo 系统、北斗系统等。GNSS 变形监测采用静态相对定位技术，观测时卫星信号接收机分别布置在基线两端站点，通过计算两站点之间的相对位移，消除观测噪声后进行测点位移解算。该技术在大坝及边坡外部变形监测中应用广泛，如隔河岩、小湾、小浪底大坝等。近年来，北斗卫星导航系统亦逐渐应用到大坝安全监测中，其监测精度可达毫米级。

1.2.2 大坝渗流监测及水下检测技术

国内外大坝安全渗流监测大多采用的还是传统的点式监测方法，监测仪器主要有渗压计、测压管和量水堰等，其分别通过渗透压力和渗流量来进行渗流监测。近年来，电探法、电磁法、示踪法和分布式光纤传感等监测技术也逐渐应用在大坝渗流监测中。坝与地基发生渗漏时，土体材料含水率会发生变化，进而影响材料的电位差、电容等电学参数。电探法就是根据电学参数的变化来探测大坝渗漏分布区域及规模。电磁法包括瞬变电磁法和地质雷达法两种，其中瞬变电磁法是根据材料含水率越高，产生的涡流场越强的特性来探测坝体及坝基渗漏位置，该方法具有探测深度大、速度快等优点，但易受外界电磁干扰；地质雷达法是利用高频电磁波来探测地下介质的空间位置、结构、电性质及几何形态，从而达到渗漏部位的定位。示踪法主要包括同位素示踪法和温度示踪法，主要是将天然或放射性同位素、磁场、地下水温度场等作为示踪剂，分析计算坝与地基渗漏通道的入口及位置。分布式光纤传感技术是通过大坝渗漏部位与非渗漏部位的温差来实现其渗漏监测，具有耐高温、耐腐蚀、灵敏度高等特点，尽管分布式光纤测温技术很成熟，但在大坝渗流/漏监测方面的应用尚不成熟。

在水下检测技术方面，国内外常采用的方法是人工探摸、录像或单点声呐，但这些方法或成本高或局限性大，难以全面准确掌握水下形态或地形。近年来，随着测量技术的发展，多波束探测技术、侧扫声呐探测技术和水下机器人系统逐渐在大坝消力池水下地形测量、坝前淤积情况测量等得到应用。多波束探测技术是通过发射宽扇区覆盖的声波，根据声波到达时间或相位即可测量出对应点的水下被测点水深值，从而能够精确、快速地描绘出水下地形的三维特征，该技术精度与效率高。侧扫声呐探测技术是利用声波反射原理获取回声信号图像，根据回声信号图像可获取水下地形、地貌和障碍物等影像，但位置精度较低。水下机器人系统是通过搭载声学、光学、定位等信息采集设备进行水下无人化智能检测，可实时获取水下结构物表面画面信息，但受水体浑浊、弱光及附着泥沙等环境条件影响而应用受限。

随着大坝安全自动化监测系统的不断升级和高新量测技术的广泛应用，大坝渗流监测理论与技术得到了快速发展。但由于受到复杂渗流与水下赋存环境的影响，如何实时智能获取高精度大坝渗流监测数据及开展大坝损伤深水检测等一直是困扰业界的难题。

1.3 大坝安全监测数据可靠性评估方法研究进展

1.3.1 监测数据异常识别方法

大坝安全监测序列中异常数据的正确识别是科学评价大坝运行性态与安全状况的前提和保障。早期大坝安全监测数据异常识别主要通过绘制过程线进行人工识别，即人工观察曲线是否存在明显尖点，排查和判断尖点处测值是否超出其量程，效率低，时效性差。随着自动化监测及计算机技术的快速发展，特别是高坝大库的建设投运，大坝安全监测测点数量与监测频次随之大幅增加，监测数据量剧增，监测序列类型复杂多变，传统方法已难以满足数据辨识的实时性和可靠性。随之，在线识别异常数据技术适时而生，逐步实现了智能化、高效率和零人工的实时辨识，达到了监测数据采集完毕后快速识别其中的异常测值并及时预警、反馈运行过程中可能存在隐患的目标。

常用的异常数据识别技术主要有数据探测法和稳健估计法两大类。其中数据探测法是通过构建合适的统计量进行假设检验，从而判断相应测值是否异常。荷兰巴达尔（Baarda）率先提出了以标准化残差作为统计量的数据探测理论，后续学者相继提出了服从 F 分布、T 分布等分布特征的统计量。稳健估计法主要通过估计准则对参数进行估计，使其具有一定的"抗干扰性"。自 Box 等于1953 年率先提出稳健性的概念之后，据不完全统计，国内外有关学者研究提出的稳健估计方法有 70 余种，大致可分为顺序统计量线性组合的 L 类、基于似然估计的 M 类以及基于残差秩次的 R 类，其中 M 估计因更具实用价值且易于实现而获得广泛应用。另外，数据异常处理还有拉依达准则、小波变换法、信息熵原理法、未确知滤波法等。在线识别数据异常技术研究方面，基于多元线性回归和拉依达准则的数据驱动型异常检测模型因能综合反映水位、温度等环境量的影响，且计算高效便捷、可靠性较高等特点，在大坝安全监测数据异常在线识别与预警中最为常用，尤其在样本量大、服从正态分布、量值适中的情况下非常理想。但对含有离群点的台阶型、震荡型数据序列及小量值数据序列的适用性尚存不足，易出现异常值漏判和正常值误判的问题。针对以上问题，编者所在团队将基于位置 M 估计量的尺度估计 S_T 和置信区间 D 组合设置为预警控制阈值，有效解决了拉依达准则易出现漏判、误判的问题，并且就不同监测数据类型，提出了数据类型—识别模型—评判准则自匹配的数据异常在线识别方法。

1.3.2 监测数据异常诱因辨识方法

在大坝安全监测中，监测数据序列出现突变，可能是因为监测仪器故障、监测环境扰动或其他客观因素引起的监测误差，也可能是库水位、降雨、地震等环境量变化引起大坝结构真实的变化响应，或是结构性态恶化的异变表征。然而，传统监测数据异常识别方法关注的主要是数据识别的精度，而在数据异变诱因方面的研究则较少，只有部分学者初步做了一些研究，主要是通过相邻测点位置或数据的关联性来进行判断，且大部分是基于人工判断。尽管这些研究能够识别出一些异常数据是由环境量变化导致的，但甄别辨识度低、时效性差，并且无法辨识因结构异变引起的异常数据，导致无法及时预警结构性态的恶化。编者所在团队结合大坝安全监测数据特点及其可能诱因，提出了集数据异常识别、测量误差消减、环境响应辨识于一体的三段进阶式数据可靠性在线辨识方法，并将该方法应用于大渡河流域坝群安全风险在线监控系统，有效提高了数据异常在线识别的准确率，实现了异变诱因的在线分类辨识，大幅提高了数据异常识别和预警的可靠性。

大坝安全监测数据量大、类型庞杂，如何不断提高大坝安全监测数据的可靠性、预警处置的针对性，以及丰富和发展大坝安全监测数据处理技术，具有重要的理论与工程意义。

1.4 大坝安全在线监控技术进展

1.4.1 大坝安全监控模型

大坝安全在线监控是保障大坝运行安全的重要技术手段，其监控预警的核心是预警指标体系的构建和监控模型的建立。在大坝安全监控指标体系方面，主要是针对不同坝型结构特点、失事原因和模式，结合安全监测布置，建立大坝安全在线监控预警指标体系。在大坝安全监控模型研究方面，主要分为数据驱动型模型和机理驱动型模型两大类。数据驱动型模型以统计模型研究较早、应用最多，相关研究主要集中于水压、温度、时效等因子函数的构造方法，如采用多项式表达水压因子函数，温度因子函数优化，以及基于徐变理论推导大坝变形、渗流时效因子函数等。由于统计模型难以准确刻画变形、渗流等监测效应量的复杂非线性变化特征。近年来，基于机器学习算法的数据驱动型模型成为新的研究热点，如应用支持向量机和粒子群算法等构建大坝变形、渗流监控模型等。针对超高水位、水位快速升降等极端工况下数据驱动型模型外延预测精度较低的问题，一些学者通过数值模拟研究大坝性态响应的物理力学机理，进而建立机理驱动型安全监控模型，按是否引入统计模型因子，又分为确定性和混合模型两类，构建了混凝土坝、土石坝变形、渗流确定型及混合模型等。

目前，大坝安全单测点监控模型研究已比较成熟，但其难以反映大坝整体工作性态。为此，相关学者研究建立了大坝安全监测空间监控模型，如混凝土坝、土石坝变形二维和三维时空监控模型等。

1.4.2 大坝安全监控系统

在大坝安全监控系统研发方面，随着互联网、云平台、大数据和自动化等技术的发展，大坝安全监测管理系统已由原来离线、集中的单一系统向在线、自动化、集成化、智能化方向发展。

国外的大坝安全监测管理系统始于 20 世纪 60 年代，以集中式数据采集系统为主。随着分布式、自动化数据采集装置在大坝安全监测中的应用，法国、意大利、韩国等信息技术发达的国家，相继开发了多种大坝安全信息管理系统，其中，法国电力公司开发了具有分层管理监测信息功能的 PANDA 大坝监测信息管理系统；意大利运用人工智能技术研制了具有自动化监测及在线检查功能的大坝安全决策支持系统；韩国水资源公司（Kwater）为提高对所属 30 座大坝的管理效率，建设了可集中管理坝群安全信息和数据库的大坝安全信息管理系统。

我国有关大坝安全信息管理系统的研究始于 20 世纪 80 年代，主要以基于微机的数据管理和数据处理程序为主，如中国水利水电科学研究院等单位研制了具备交互式分析判断等功能的大坝安全监测数据处理系统；长江水利委员会长江科学院研制了具备作图、分析功能的混凝土坝安全信息管理系统；原电力部电力自动化研究院研制了可在线监控、线下分析的大坝安全监测自动化系统等。

进入 21 世纪，我国在大坝安全信息管理系统研究方面取得了较大突破，南京水利科学研究院研发了可实时监控的土石坝安全监测系统；河海大学研发了集知识库、方法库、数据库、图库、推理机为一体的大坝安全分析专家系统，具备大坝安全综合分析与实时评价等多种功能；中国电建集团成都勘测设计研究院有限公司和河海大学合作研发了二滩拱坝安全监测在线监控系统，实现了该工程档案和监测资料的有效管理和快速查询、监测信息的实时处理分析与预警、大坝结构和渗流正反分析等，具有辅助决策功能；四川大学研发了水库坝群运行安全风险智能监控系统，实现了大坝安全监测数据智能采集和在线辨识、安全风险实时动态评估和预报预警等。

近十余年来，尽管大坝安全监测信息管理系统研究已经取得了较大进展，但在系统功能完备性、大数据挖掘、大坝安全风险智能监控等方面还有待提升。同时，随着人工智能、大数据、物联网、云平台、5G 等新技术的涌现，如何引入高新量测与检测技术提升复杂运行环境下的大坝安全性态智能感知能力，如何推进大坝安全大数据与风险智能评估的深度融合，实现大坝安全风险智能监控与智慧管理是未来发展的必然趋势。

2

大坝运行安全管控模式

2.1 大坝安全管理现状与问题分析

2.1.1 大坝安全管理现状

水库大坝在水资源优化配置、防洪减灾、经济社会发展等方面发挥着越来越重要的作用,其安全运行事关国家水安全、能源安全与经济社会绿色发展,备受党和政府高度重视。新中国成立以来,我国水库大坝建设先后经历了恢复与发展(1949—1990 年)、稳定快速发展(1991—2011 年)、绿色协调发展(2011 年至今)等阶段。现有水库大坝 9.8 万余座,具有总数多、分布广、坝型种类多、高坝特高坝数量多等特点,大坝安全管理任务繁重复杂。

我国大坝按照所属部门(主管部门)不同主要分为水库大坝(水利)和水电站大坝(电力),其中水库大坝(水利)占绝大多数。另外,交通、建设、农业等部门也建有少量大坝。自 1991 年国家颁布了《水库大坝安全管理条例》(国务院令第 77 号)以来,水利部和能源局先后颁布了《水库大坝安全鉴定办法》(水管〔1995〕86 号)、《小型水库安全管理办法》(水安监〔2010〕200 号)、《水库大坝安全评价导则》(SL 258—2000)、《水电站大坝安全注册登记监督管理办法》(国能安全〔2015〕146 号)、《水电站大坝安全定期检查监督管理办法》(国能安全〔2015〕145 号)、《水电站大坝除险加固管理办法》(电监安全〔2010〕30 号)等一系列相关法律法规和技术标准,建立健全了水库大坝和水电站大坝的安全管理法规制度和技术标准体系,有效保障了大坝安全运行及效益发挥。

水库大坝(水利)以防洪、灌溉或供水为主,由国务院水行政主管部门会同国务院有关主管部门对全国的水库大坝安全实施监督,县级以上地方人民政府水行政主管部门会同有关主管部门对本行政区域内的大坝安全实施监督。各级人民政府及其大坝主管部门对其所管辖大坝的安全实行行政领导负责制,各级水利、能源、建设、交通、农业等有关部门是其所管辖大坝的主管部门。目前,我国已全面建立了以行政首长负责制为核心的水库大坝安全责任制,明确了政府、主管部门和管理单位的三级责任人。按分级负责原则,水利部每年向社会公布全国大型水库安全责任人名单，各地也向社会公布各类水库安全责任人名单，接受社会监督，强化责任落实。水利部大坝安全管理中心具有水库大坝安全行业管理和技术监督的职能，负责组织全国水库大坝定期安全检查与评估、组织全国病险水库安全鉴定成果核查等相关工作。

水电站大坝（电力）以发电为主，在1998年电力工业部撤销以前，水电站大坝（电力）一直采用部、网（省）、电厂三级管理模式，即由国家部委（水利电力部、能源部、电力部）直接管辖，各大电网和省（自治区、直辖市）电力工业局负责管辖所属水电站大坝，各水电厂负责具体工作。自2002年我国全面启动电力市场化改革以来，大坝安全管理逐步调整为电力企业自律管理与政府监督管理的模式。电力企业是水电站大坝运行安全的责任主体，负责贯彻落实国家有关法律、法规，自觉接受政府监管，建立健全大坝运行安全管理体系，认真开展大坝安全监测、检查和应急管理工作，及时开展日常维护和大坝除险加固，积极开展大坝安全信息化建设和大坝运行安全性态监控工作，不断提高大坝运行安全管理水平，保障大坝安全运行。各地方政府、电力管理等有关部门严格落实大坝安全属地管理责任，将大坝安全作为电力行业管理的重要内容，督促指导电力企业落实主体责任。能源局及其派出机构承担大坝安全行政监管职能，与地方政府及其有关部门密切配合，加强对辖区内大坝安全注册、定检和重大隐患治理的监管。能源局大坝中心承担技术监督和服务职能，承担电力行业水电站大坝安全注册（备案）、定期检查、监测管理、应急管理、信息化建设和隐患排查治理等工作及相关技术监督服务，并为能源局及其派出机构的行政监督提供技术支持。

2.1.2 大坝安全管理问题分析

大坝安全管理的目的就是通过仪器监测、巡视检查、资料分析和维护加固等手段，及时掌握大坝运行性态，发现存在的问题，采取适当处理措施，消除存在的缺陷和隐患，保障大坝安全运行。我国大坝安全管理大致可以分为三个阶段：第一阶段从新中国成立至1978年改革开放，其主要特征是以行政手段为主的粗放式管理；第二阶段从改革开放至20世纪90年代末期，其主要特征是从行政管理过渡到制度管理，国家颁布了《水库大坝安全管理条例》（国务院令第77号）等一系列大坝安全管理法规、规范，原水利电力部和水利部先后成立了水电站大坝安全监察中心和水利部大坝安全管理中心，开展大坝安全定期检查（鉴定）、补强加固和大坝安全注册等工作，强化大坝安全管理；第三阶段从21世纪开始，对大坝安全管理工作提出了更高要求，要求建立大坝的安全技术档案，能够科学判别、评估大坝失事的可能性以及可能带来的后果，实时掌握大坝运行安全性态，及时采取工程维护、除险加固等措施，防患于未然。

经过多年的发展，我国通过全面落实大坝安全责任制、不断建立健全大坝安全管理法规与制度体系、大规模开展病险水库除险加固工程建设、大力推动水库大坝管理体制改革、加强监督检查和应急管理等一系列扎实工作，初步建立了长效运行机制，病险水库数量逐步减少，工程安全状况显著改善，信息化、智能化等先进技术应用程度不断提高，目前已进入世界低溃坝率国家行列。同时随着在工程地质条件十分复杂、地质灾害频发、地震震级高的西部高山峡谷地区的锦屏、溪洛渡、大岗山等大型水电站相继投入运行，高坝大库运行安全监督管理取得了创新性进展，大坝安全管理与保障水平大幅度提升。随着我国数量众多的水库大坝不断"老龄化"，同时"人水和谐""绿色能源""智慧水利""智慧能源"等理念逐步深入人心，大坝安全管理必将面临新的压力和挑战。按照新形势、新要求，我国水库大坝在安全管理理念、安全管理能力、技术保障能力等方面仍然存在诸多问题。

1. 水库大坝全生命周期管理尚未真正实现

水库大坝安全理念和内涵随着经济社会发展而不断拓展和丰富完善。1987年，国际大坝委员会（ICOLD）发布的《大坝安全指南》将水库大坝安全定义为表征大坝工程性态的一种范围，即大坝不发生破坏和溃决，其实质是强调大坝工程安全。20世纪90年代以来，水库大坝安全内涵不断拓展和丰富。1994年，澳大利亚大坝委员会（ANCOLD）发布的《大坝安全管理指南》；1999年，加拿大大坝协会（CDA）发布的《大坝安全导则》；2002年，世界银行（The World Bank）发布的《大坝安全法律框架比较研究报告》等均将水库大坝安全的内涵逐步拓展到公共安全、公众生命和生态环境。2014年，美国陆军工程师兵团（USACE）发布的《大坝安全——政策与过程》进一步丰富了大坝安全内涵，认为水库大坝安全不仅包括工程安全、公共安全、生态（环境）安全，还包括保障大坝安全的工程和非工程措施，形成了系统安全理念。但是，我国水库大坝安全管理目前仍主要聚焦于工程安全，大坝系统安全理念尚未形成，"重事后抢护、轻事前预防"的思想尚未得到根本扭转，有必要尽快与国际先进的水库大坝安全管理理念接轨，真正形成统筹考虑工程安全、公共安全、生态安全的水库大坝系统安全理念。

水库大坝全生命周期包括规划决策、勘察设计、施工建设、运行和退役多个阶段，大坝失事通常也是某些不安全因素由量变到质变、事故因素链条连通的结果。规划决策不科学、设计方案不合理、施工质量隐患、荷载循环作用、极端环境损伤、筑坝材料老化等均会影响大坝运行的安全性和耐久性，不利于大坝长期稳定安全运行，必须将大坝安全管理贯穿于大坝全生命周期。目前，我国大坝安全管理尚未真正实现全生命周期管理，设计、施工、运行管理各阶段未完全贯通互联，有必要构建决策层、管理层、个人等分层协同管理的大坝安全文化，即决策层加强对大坝安全督查力度，创造有利于大坝安全的工作环境，让大坝安全理念深入人心；管理层认真界定各层级职责，实现大坝安全管理的规范化和制度化；设计者、建设者、运行者等个体则注重沟通交流和分工协作，强化大坝安全管理的责任心和参与度。

2. 大坝风险管理体系和核心技术尚待完善

大坝安全管理是一种公共安全工作，一种避免溃坝、防患于未然的工作，属于应未雨绸缪主动发现问题，并及时采取补救措施的专业工作。随着社会经济的发展及"绿色、协调、可持续"等发展理念的不断深化，大坝安全已跨越水安全领域而成为社会公共安全的一个重要组成部分，大坝安全管理工作的深度、广度和难度不断提升，大坝安全管理的标准和目标也在发生改变，大坝安全的内涵也随之扩展至大坝风险管理。我国的治水思路已经从"试图完全消除洪水灾害、入海为安"的思路转化为"承受适度风险，制定合理可行的防洪标准、防御洪水方案和洪水调度方案，综合运用各种措施，确保标准内防洪安全，遇超标准洪水把损失减少到最低限度"，这种思路的实质是将工程的安全管理向更加综合、全面的风险管理转化。

大坝风险管理是一种以风险控制为核心，以事前主动预防为特征的大坝全生命周期动态管理，主要包括风险识别、风险评估和风险处置等部分，是更加科学合理的现代大坝安全管理模式。从 20 世纪 90 年代开始，国内外对大坝风险评价、溃坝风险、溃坝经济分析、蓄滞洪区洪水演进、溃堤过程等领域展开研究，并进行了一些典型应用，但因大坝风险评估和风险管理受国家政治制度、法律法规体系、经济发展及人口资源状况、历史文化背景、社会民情等多因素影响，尚未建立大坝风险评估及风险管理的完整体系，相应的法规和标准不健全，且大坝风险评估和风险管理技术仍以基于专家经验的定性和半定量方法为主，风险动态评估与实际应用尚有一定距离，大坝风险管理体系和核心技术均有待进一步提升。

3. 大坝应急管理水平与技术能力尚待提升

应急管理的概念在我国提出较晚，起步于 2003 年，但应急管理能力水平快速提升，特别是 2018 年应急管理部的成立标志着我国应急管理体系建设达到了历史新起点。

大坝运行应急管理是大坝安全管理的重要环节，贯穿大坝安全全过程，包括预防、准备、响应和恢复等环节，是保障大坝运行安全、减轻或消除大坝事故后果的最后一道防线。目前，我国已基本建立了适合我国国情的大坝安全应急管理体系，实行"统一领导、综合协调、分级负责、属地管理"的管理体制，由各级人民政府、军队及武警、水行政主管部门、能源主管部门及监管机构、电力企业等共同组成水电站大坝突发事件应急组织体系，大多数企业编制了大坝安全突发事件相关应急预案，具备一定的应急能力和保障能力。但随着我国洪涝灾害、极端暴雨、异常干旱现象明显增加，超强台风频繁出现，地震、地质灾害时有发生，极端事件对大坝安全的不利影响日渐突出，应对大坝突发事件的水平和能力仍显不足，主要突出体现在四方面：

一是对灾害形成机理、发生规律缺乏系统科学的认知，灾害防治仍侧重在"防"上，被动应对多，对"治"还缺乏系统的思考和谋划。

二是管理体制有待进一步优化。目前，尚未建立流域投资主体不同的梯级电站应急联动机制，在流域和区域层面上未建立有效衔接，协调联动机制还不够完善。

三是突发事件的预见能力不足，水情和工情的监测设施不完善、预报精度不高、预警标准缺失，大坝深埋、深水、长距离等复杂隐患精准探测技术等方面均存在明显短板，且应急避险设施建设和应急准备普遍不足。

四是突发事件应急预案的科学性和实用性不足，更新不及时，预案的宣传、培训、演练工作缺乏系统性、计划性和实战性，流于形式，有效性和可操作性差，未能真正发挥科学指导大坝突发事件应急处置的作用。

4. 大坝安全态势感知和风险智能管控水平尚待提升

纵观国内外大坝失事原因，除设计、建造及超标极端环境外，对大坝故障与安全态势智能感知、识别及预警不足、安全监管缺位等是导致溃坝事故的主控原因之一。为贯彻习近平新时期治水思路和网络强国的重要思想，2018 年中央一号文件明确提出实施智慧农业林业水利工程，水利部于 2019 年颁发了《加快推进智慧水利的指导意见》和《智慧水利总体方案》（水信息〔2019〕220 号），国家发展改革委亦颁布了《关于推进"互联网＋"智慧能源发展的指导意见》（发改能源〔2016〕392 号）、《水电站大坝运行安全监督管理规定》（发改委令第 23 号）等相关文件，明确提出了加快智慧水利、智慧能源建设，开展大坝安全在线监控和智能管控等要求，同时相继颁布了相关信息化及智能化标准体系等，为大坝安全智能管控提供了有力的技术支持。目前，全国地方水利部门在水利信息化建设方面开展了大量工作，各大流域公司相继启动了大坝安全信息管理系统建设等工作，如雅砻江、大渡河等流域大坝安全信息管理系统，均较好地实现大坝安全监测信息的远程集控管理，并在智能测控与感知等领域取得了丰富成果，但在大坝运行安全智能监控方面尚存较大差距，特别是关于监测数据挖掘与辨识修复、大坝故障动态识别、大坝安全风险实时评估与预警等智能分析理论与方法尚未得到系统性突破，严重制约着我国大坝运行安全智能化发展进程。

随着云计算、物联网、大数据、移动互联和人工智能等新一代信息技术的快速发展与应用，如何推进大坝运行安全大数据与风险智能评估的深度融合，全面提升大坝运行安全管理的智能化、科学化水平，切实保障大坝安全、高效运行，是我国大坝安全管理面临的主要挑战，也是未来发展的必然趋势。

2.1.3 现代大坝安全管理模式探讨

现代大坝安全管理已从传统的零散式、粗放式管理，逐步过渡到集约化、专业精细化、社会化管理。目前，多数流域开发公司采用流域内水电站集群化管理模式，按流域、区域划分水库群，成立大坝中心或库坝中心实行大坝群安全管理，如 2001 年成立的清江流域公司库坝中心，主要负责清江干流隔河岩、高坝洲、水布垭三座水电站大坝、厂房、升船机等水工建筑物的运行维护、库坝监测管理等工作；2011 年 7 月成立雅砻江公司大坝中心，主要负责统筹流域大坝安全监测、水库地震监测、运行电站重大水工技术管理，重点为大坝安全提供技术指导和支持服务；2011 年 9 月成立的大渡河公司库坝管理中心，负责流域投运电站库坝监测、水工建筑物检修维护及大坝定检、注册、水工技术监督管理工作和在建电站筹备等。

整体上，各大流域公司基本采用流域（区域）群坝安全集中管理模式，即监测业务由大坝中心（库坝中心）集中管理，水调电调管理由集控中心集中调度，水工、大坝机电管理基本由电厂或检修公司（部）负责。自 2006 年电监会印发《水电站大坝运行安全信息化建设规划》（电监安全〔2006〕47 号）以来，各流域公司或电厂相继启动了单站或流域的大坝安全信息管理系统建设工作，实现了大坝安全监测信息的远程采集、查询与传输、资料整编分析等功能，优化了资源配置，提高了工作效率，实现了运行管理的规范化、标准化，以及流域水电站群库坝安全的远程集中监控，提升了大坝安全管理水平。但随着国家加快智慧水利、智慧能源建设等相关要求的不断深化，如何进一步提升大坝风险识别自动化和安全决策管理智能化，如何提高流域梯级库坝群业务协同、风险防控和决策能力，全面提升流域梯级库坝群安全管理科学决策水平和安全保障能力，是业界和流域公司普遍关注的热点问题。

为真正实现大坝安全管理从"工程安全"向"系统安全"转变，从"库坝单元管理"向"流域梯级管理"，从"大坝中心管理"向"相关部门协同管理"转变，有必要构建高效、协同、智慧的流域（区域）大坝安全协同管理模式。

1. 总体思路

大坝安全协同管理模式应坚持"一个平台、两条主线、四维一体"的总体思路，即打造一个安全监测、水情工情、安全检测、防洪调度等多源信息远程集控的大数据中心，以信息为纽带，围绕业务、管理两条主线，构建水工维护、大坝机电、库坝监测、水库调度等多部门协同管控的流域（区域）大坝安全管理创新模式，如图 2.1 所示。

数据、信息

一个平台：打造大坝安全综合管理大数据平台，实现安全监测、水情工情、安全检测、防洪调度等多源信息的远程集控和互联共享

两条主线：围绕业务（技术）、管理两条主线，以数据或信息（信息技术）为纽带，以大坝安全风险管控为目标，业务、管理之间相互渗透、相互促进

四维一体：水工维护、大坝机电、库坝监测、水库调度（防洪调度）通过一个平台和相应的规则，构建一个高效、协同、智慧的流域或跨地域的大坝安全管理新模式

图 2.1　流域（区域）大坝安全管理创新模式的总体思路

2. 基本原则

大坝安全协同管理模式应以流域（区域）梯级电站为单元，融合大坝安全管理相关的多个生产部门和职能部门，从流域梯级电站群智能自主安全运行的整体需要出发，建立电调、水调、安全等协同管控运行机制，共同规划和实施大坝安全风险管控、水库及电力优化调度等，统筹安排，互相协调，不断完善持续提升协同创新能力和智能管控水平，最终达到保障梯级电站长期安全、高效运行，实现流域整体经济效益最大化的目的。应遵守的基本原则如下：

（1）部门管理与协作调控相结合。流域梯级大坝群安全风险管控可能涉及公司内部的多个生产部门和职能部门，必须坚持部门管理和协作调控相结合的原则。部门管理和协作调控的关系不是相互对立，而是相辅相成。部门管理是协同管控的基础，是工作得以开展的基础性力量，而库坝监测、水库调度、水工维护等大坝安全管理相关部门间的紧密协作则是协同管控的核心，是工作顺利进行的助推器。

（2）共同但有区别责任。流域梯级电站安全风险协同管控应坚持共同但有区别责任原则，即一方面，强调安全风险管控是各生产部门和职能部门共同的责任；另一方面，共同的责任不等同于相同的责任，各生产部门和职能部门的责任因其在大坝安全运行管理中的职责不同而有所区别，如大坝安全管理部门负责流域梯级群坝安全风险实时监控和风险降阶协同调控方案的制定，电力生产部门负责论证方案合理性并付诸实施，相关发电公司负责相应的水工建筑物及机电设备维护改造等工作。

（3）安全与经济协同。为了实现可持续发展，流域梯级电站安全风险管控必须始终坚持坝群安全与发电效益之间的协调发展，不能顾此失彼。坝群安全与发电效益之间有着十分紧密的联系，在处理两者关系时，既不能忽视坝群安全来换取短期的发电效益最大化，也不能为了坝群安全而完全不顾发电效益的要求，应本着可持续发展的理念，协调好、平衡好流域梯级坝群安全与发电效益之间的关系。

（4）梯级风险最小和风险合理分担。流域梯级坝群坝型较多，其风险诱因和故障模式不尽相同，且区段坝高、坝型、库容组合不尽相同，抵御流域风险能力相异。因此，流域梯级坝群安全风险管控必须坚持梯级风险最小、风险合理分担、统一协调联动的基本原则。

3. 管理机制

大坝安全管理应重点突出设计、施工、运行等全生命周期管理。不同建设阶段，大坝安全管理的重心、内容和主要职责不尽相同。

（1）设计阶段。大坝安全管理部门应从设计阶段参与工程安全监测设计的合理性和可行性论证，组织实施新型监测仪器研制、监测新技术试验等工作，参与安全监测系统总体设计方案、监测仪器选型等咨询与审查工作。

（2）施工阶段。大坝安全管理部门负责监测仪器埋设、监测方案实施的检查、监督和指导工作；及时更新监测仪器布置图、各测点埋设信息、仪器参数、计算公式等关键属性，审核施工单位提供的监测数据并实时传输至信息管理系统；负责施工期安全监测资料的整编与分析，及时掌握施工期大坝安全性态及结构故障等发生、发展、演化等过程；负责施工期有关安全技术资料的收集、分析、整理和归档保存。

（3）运行阶段。大坝运行安全管理的内容相对较多，主要包括审查所属水电站群安全管理工作计划和长远规划，并监督实施；负责各电站有关水库大坝安全运行的信息集中管理，包括水库大坝安全监测信息、水工建筑物缺陷修补信息、设施设备信息、应急管理信息、技术报告和图纸档案等；负责水电站水库大坝安全运行资料整理、整编、计算、分析，编制各类报表，及时合理评价大坝运行状况；编制水电站大坝险情预测和应急处理预案等，制订年度演练计划，组织进行演练；对所属水电站群库坝安全的定期检查、特种检查和专项技术鉴定情况进行监督，并按规定申报注册等。

4. 管理流程

就职能管理层面而言，大坝安全协同管理常涉及大坝中心、生产指挥中心和相关电厂等多部门。为保证协同管控的可行性、高效性和经济性，确保在信息互通、措施协调等方面形成合力以达到共同的目标，应建立流域大坝安全风险协同管理协调沟通机制和工作小组，加强各部门沟通交流，同时合理划分各部门相应的职责。就业务管理层面而言，大坝安全协同管理应纵向覆盖各相关单位和岗位、横向覆盖大坝安全管理各项业务，以大数据中心为载体，打通监测检测、设备运行维护、水调电调之间的信息壁垒，将大坝安全管理和信息化深度融合，建立信息共享推送与风险协同管控机制，确定大坝安全技术监控与业务管理监管指标，构建不同坝型、边坡的安全、风险动态评估与预测联动模型，形成多源信息智能感知与交互融合、安全风险实时评判与预警、安全风险动态响应与调控决策体系，实现业务信息化向信息化业务管理的转变，实现数据驱动管理。

以大渡河公司为例，其大坝安全风险协同管理的业务流程架构如图 2.2 所示，各部门管理职责划分如图 2.3 所示，即库坝管理中心负责流域梯级群坝安全风险实时监控和预警，分析主要风险源点与水库调度、电力调度的相关性，提出风险降阶协同调控方案，并负责方案实施后的风险降解效果监控和后评价，负责水工技术监督、流域水库大坝安全监测与监控；生产指挥中心负责论证风险降阶协同调控方案的合理性和可行性，分析其对发电效益的主要影响，并负责实施经审定后的水库调度方案和电力调度方案；检修安装公司和相关发电公司则负责风险降阶方案实施过程中的水工建筑物维护、电站机组及大坝机电设备检修改造等相关工作。

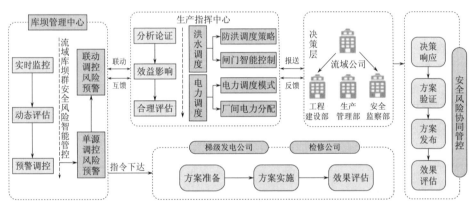

图 2.2　大渡河流域大坝安全风险协同管理的业务流程架构

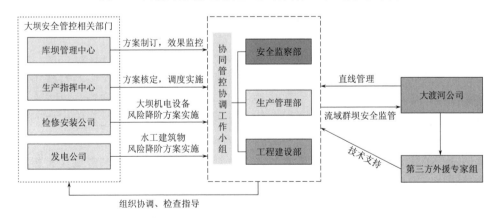

图 2.3　大渡河流域大坝安全风险协同管理模式下各部门管理职责划分

2.2 大坝安全智能管控内容与架构

2.2.1 智能管控主要内容

大坝安全关乎国计民生，是国家水安全和公共安全的重要组成部分，历来受到党和政府的高度重视。大坝安全智能管控是信息化时代安全管理的新发展方向，是当前"现场检查与远程管理相结合"管理格局的关键组成部分，也是提升大坝安全管理水平和效率的重要手段。大坝安全智能管控基于监测和现场检查等信息，通过数字化、信息化和智能化等手段，对大坝安全状况进行智能分析诊断和评判，及时发现大坝结构安全隐患，及时采取管控措施，其管控的对象主要包括挡水建筑物、泄水消能建筑物、输水建筑物、过船建筑物、影响大坝安全的工程边坡和近坝库岸等，重点管控内容如下所述。

1. 防洪安全管控

防洪安全管控的要素主要包括坝顶高程和坝顶构造，重点关注在大坝实际运行情况下，坝顶及防浪墙顶高程能否安全阻挡水库最高水位，坝顶及防浪墙运行状态是否良好，是否出现开裂、破损等现象。重点管控的监测项目包括坝顶实测高程、防浪墙实测高程和防渗体实测顶高程等。

2. 坝基安全管控

坝基安全管控的要素包括变形、抗滑稳定和渗透稳定，重点关注坝基变形是否收敛，坝基是否有渗透破坏迹象、坝基渗透坡降是否在允许范围、岩体及软弱夹层性状是否稳定、坝基抗力岩体是否受到冲刷等。坝基变形重点管控的监测项目包括坝基变形、防渗墙变形等。抗滑稳定重点管控的监测项目包括岩体稳定性、坝基抗力岩体冲刷等。坝基渗流稳定重点管控的监测项目主要包括典型坝段扬压力、扬压力折减系数、坝基渗压、坝基渗透坡降和大坝绕渗等。

3. 坝体结构安全管控

不同坝型坝体结构安全管控的要素及关注点差异较大。重力坝坝体结构安全管控的要素主要包括抗滑稳定、坝基应力和坝体应力，重点关注大坝实际运行工况下沿建基面和深层抗滑稳定安全系数是否满足规范要求、坝踵是否出现拉应力、坝趾压应力是否超过允许值、坝体是否出现局部裂缝或压缩变形等；重点管控的监测项目包括坝体应力、坝踵及坝趾应力等。土石坝坝体结构安全管控的要素主要包括筑坝材料和坝坡稳定，重点关注坝脚渗水的清澈度、是否存在渗透变形破坏迹象、大坝实际运行工况下坝坡稳定安全系数是否满足规范要求、上下游坝坡是否出现局部塌滑现象等。

19

4. 坝体结构运行性态管控

不同类型坝体结构运行性态的要素及关注点略有不同。

(1) 混凝土坝坝体结构运行性态管控的要素主要是坝体变形、坝体渗流和坝体分缝；重点关注坝体变形是否协调收敛或过大；相邻坝段是否发生较大错动或不均匀沉降；坝面混凝土结构表观完整情况是否良好；是否出现渗水、析钙、腐蚀等现象；是否出现贯穿性裂缝等。重点管控的监测项目包括大坝外部变形、坝体挠度、大坝裂缝和大坝渗流量等。

(2) 土石坝坝体结构运行安全管控的要素主要是坝体变形、渗流稳定和坝体及坝基与其他建筑物的连接；重点关注坝体变形是否收敛或过大；防渗体及坝坡是否出现破坏迹象；坝体浸润线是否正常；心墙渗透坡降是否在允许范围；坝体渗流量是否稳定清澈；坝体与其他建筑物连接部位是否出现不均匀沉陷或渗透破坏迹象等。重点管控的监测项目包括大坝外部变形、大坝内部变形、心墙变形、裂缝、心墙渗压和坝体渗流量等。

5. 泄洪消能设施安全管控

泄洪消能设施安全管控的要素主要包括总体布置、泄流能力、结构安全性和消能防护安全性，重点关注泄洪消能设施进出口水流是否出现旋涡、水流冲刷是否造成下游淤积或雾化现象、实际泄流量是否满足设计泄量要求、溢流坝面是否出现空化空蚀、泄流建筑物的结构稳定性和应力是否满足规范要求，消能工与防冲设施运行是否正常等。

(1) 对混凝土坝，泄洪消能设施安全重点管控的监测项目包括有害旋涡视频监控、孔口泄流实测值、溢流坝段变形、溢流坝段不均匀变形和冲坑监测等。

(2) 对土石坝，泄洪消能设施安全重点管控的监测项目包括有害旋涡视频监控、孔口泄流实测值、溢洪道（泄洪洞）变形、溢洪道（泄洪洞）渗压等。

6. 金属结构安全管控

金属结构安全管控的要素主要包括总体布置、挡水安全和启闭安全，重点关注闸门及启闭机数量是否满足泄洪调度要求、大坝各金属结构是否出现锈蚀现象，止水是否正常、启闭设备是否正常运行、启闭设备电源是否可靠、启闭能力是否满足启闭要求等。

7. 边坡安全管控

边坡安全管控主要针对枢纽工程边坡和近坝库岸边坡，重点关注实际运行工况下坝坡稳定安全系数是否满足规范规定、是否出现整体变形迹象、是否出现局部失稳现象等，重点管控的监测项目包括边坡外部变形、深部位移、锚杆应力和锚索应力等。

2.2.2　智能管控基本要求

大坝安全智能管控不是管理对象简单的数字化、信息化和智能化，而应在业务量化的基础上，将先进的信息技术、工业技术和管理技术高度融合，具备大坝及库岸边坡全要素实时的数字化感知、网络化传输和远程集控能力，实现大坝安全风险识别自动化和管理决策智能化，其基本要求如下所述。

1. 构建大坝安全透彻感知体系

大坝安全是大坝主体结构与环境、人类等外界条件相互作用和反馈的表征，涉及水库大坝材料参数、边界条件、荷载变化、监测检测信息、力学模型以及淤积、地质灾害、超大或超长历时洪水、极端气温（持续高温或冰冻）、旱涝急转和水位骤升骤降等多种动态信息。全方位的精确透彻感知是智能管控的信息来源，通过高覆盖、全方位、全对象和全指标的自动实时监测，能够为大坝安全管理提供多样化、精细化的数据支撑，是实现大坝安全智能管控的前提和基础。因此，需要多维度评估变形、渗流、水位等接触式智能监测设备及无人机、三维激光扫描等非接触式高新量测技术的适用性、通用性、经济性和精确性，研究日常运行、极端环境等不同工况条件下接触式与非接触式融合互通的"空天地水体"一体化智能监控方案，构建涵盖所有大坝安全管控对象的多维多尺度、空地互馈智能感知体系，同时注重提升监测仪器、采集设备的设备状态在线感知能力和故障应急处置能力。

2. 建立高度共享的大数据中心

大坝安全智能管控涉及安全监测、检测巡检、闸门运行、水调电调和设备运行状态等多类感知对象和信息，必须借助光纤、微波等传统通信技术的支撑，以及物联网、移动互联网、卫星通信和 Wi-Fi 等现代技术的应用，实现大坝安全各类感知对象和各级用户之间全面的互联互通。因此，应全面构建局域网、广域网、卫星网和移动网组成的四大数据传输通道，支持大量数据、图像、视频等信息的传输，保证其实时集控至企业自有或公用大数据中心，实现感知应用终端与大数据中心的实时交互和反馈，同时还应强化突发事件下的应急通信保障能力，增强对特大洪水、地震和溃坝等紧急事件的应急响应能力。

信息高度共享是智能管理与服务高效便捷的关键，通过各类数据的全参与、全交换，实现对感知数据的共用、复用和再生，为随需、随想的应用提供丰富的数据支撑。信息高度共享既需要行业内不同专业数据的共享，也需要相关行业不同种类数据的共享。大坝安全智能管控涉及库坝监测、水库调度和水工维护等业务部门，各部门之间的信息封闭不仅加剧资源浪费，同时也会阻塞数据业务上下链条和左右跨维之间的流通，容易形成一个个数据孤岛，而导致上下管理层以及各级员工之间的信息滞留和工作效能低下，必须全面整合相对分散的数据采集和存储系统，消除其分类建设、条块分割、数据孤岛的现象，形成集中集约、共享互通的大数据中心。

3. 具备多模态信息深度融合和数据智能分析处理能力

多源数据融合和分析能力直接影响大坝安全保障能力、应对环境变化的应急调度能力、面对突发事件的风险决策响应效率和管控能力。我国水库大坝数量众多，对于流域梯级开发来说，单个公司也管理着多座大中型水库和大坝，在整个建设和运行期积累了长历时、多尺度、多源、异构的海量数据信息，但信息之间缺乏有效的交互，繁杂的种类增加了信息融合难度，且建设期和运行期各部门之间的组织隔离，也造成了大量的信息交叠浪费。有必要深入分析监测数据、巡视检查图像与短文、智能检测图像等多模态监测数据的结构维度特点和异质特性，建立大坝多模态信息融合体系和准则，提出水库大坝多源异构信息高效融合技术，实现水库大坝多尺度、多维度、异构、多源信息的深度融合。

数据智能分析与处理是实现大坝安全智能管控的基础，包括数据异常识别和修复、数据模型分析等，重点对多源信息加工融合、自动处理和全面分析。数据异常识别和修复为大坝运行安全智能管控提供连续、完整、可靠的数据。全面解析典型数据表征与环境响应、结构性态、测量误差和设备故障等之间的关联性，构建大坝安全监测数据异常识别和修复的自修正、自适应模型簇和准则库，破解数据异常在线识别误判漏判率高、数据异变诱因智能辨识度低、数据缺漏和响应错位等致使监测信息无法真实反映大坝安全实时性态的难题。大坝运行性态影响因素众多，且其工作性态随运行时间和赋存环境是动态变化的，构建反映其物理成因的因子函数，建立能够准确描述大坝与地基真实运行性态的数学分析模型是大坝安全管控的关键技术问题。

4. 实现大坝安全实时监控、风险动态评估和智能决策

由于自身结构性态的差异性、运行条件的复杂性和地理环境的特殊性等，大坝运行安全涉及的定量与定性因素庞杂，难以采用统一的指标体系和某种数学模式予以评价。不同工程的关键监控指标及监控模型差异较大，不同监控指标的预警标准和预警等级亦会有较大的差异，首先应合理确定大坝安全监控的关键部位和重点测点，构建相对科学、合理的监控指标体系、监控模型和分级预警标准，再将感知到的地质、运行、监测和巡检等各类信息，以及由这些多源信息通过数据挖掘和分析得到的结果，与可视化展示技术相结合，实现大坝运行性态与服役环境的多维可视化以及多终端远程实时监控。

大坝枢纽赋存环境复杂，其结构工作性态受材料与作用等内外多因素影响，

结构安全风险具有明显的时变特征，大坝工作性态出现异常并不代表大坝一定会立即发生故障或失事，若异常状态一直持续则大坝发生故障的可能性就较大，因此实现大坝运行安全风险动态评估意义重大。目前，国内外大坝安全风险主要依靠专家定期、定性评估，需要从大坝安全监测数据中挖掘出潜在的客观规律，分析大坝主要故障模式和故障机理，揭示大坝结构破坏时变风险演进机理及其与多源监测数据间的内在关联机制，构建大坝监测表征—结构故障动态耦联机制，建立力学机理与多源数据耦联驱动的大坝安全风险动态评估模型，实现大坝结构潜在破坏部位、破坏模式及破坏风险的实时评估预警。

智能决策响应是大坝安全智能管控的核心。利用现代信息技术，在大坝运行性态实时模拟和风险动态预测的基础上，进行基于多要素的历史情境相近模式匹配，快速生成即时状态监测—场景模拟仿真—处置措施响应的耦合方案，并利用 GIS 地理模型、BIM 模型、虚拟现实和智慧模拟程序验证方案的可行性和风险，提出基于主动服务的大坝安全多目标管控和响应决策优化方案，同时利用移动互联、物联网和体感系统等手段快速下达指令，并督促相关单位依据指令立即进行整改和响应。决策响应完成后，再次进行评判和知识累积，形成大坝安全不断演进的闭环智能管控。

2.2.3 智能管控架构体系

1. 业务流程总体架构

大坝安全智能管控应从流域安全风险管理的角度出发，基于电站间、库坝间、部门间信息互联互通以及利益平衡，实现梯级坝群安全风险最小化和发电效益最大化的价值协同，主要包括风险智能感知、风险识别与评估、安全风险预警以及风险协同管控，其业务流程总体架构如图 2.4 所示。

（1）风险智能感知。大坝安全管控首要解决的问题就是风险感知，主要分为运行过程中的大坝安全信息感知和"风险识别＋突发事件"驱动的风险感知。大坝安全信息感知是指通过现场检查、大坝枢纽建筑物与近坝库岸边坡安全监测、水情、气象和水电调度等多源数据融合与深度挖掘动态感知大坝枢纽赋存条件、工作环境、运行性态及其变化规律。"风险识别＋突发事件"驱动的风险感知，是指依据风险识别结果及其等级和突发事件分级，对应驱动大坝安全加密监测与深度感知，同时采用无人机、三维激光扫描、GNSS 和水下探测等手段，对大坝枢纽进行"空天地水体"全域风险感知。对于重大风险或突发事件，针对风险或事件类型启动专家决策会商。突发事件主要指突然发生的，可能造成重大生命、经济损失和严重社会环境危害，危及公共安全的紧急事件。

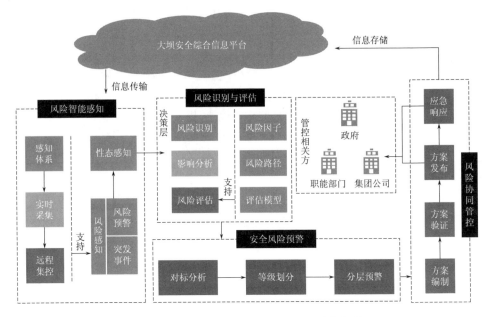

图 2.4　大坝安全智能管控业务流程总体架构

（2）风险识别与评估。大坝安全风险识别基于安全风险特征、风险路径、安全风险—监测表征耦联机制，同时充分考虑工程运行性态、安全定检结论及潜在缺陷，主要包括确定性多源数据信息与事件引发的潜在安全风险和不确定因素引发的潜在风险及风险激增，特别应关注地震、超标洪水和近坝库岸滑坡等极端工况和不利工况组合，进行风险演进识别分析。

风险评估主要以风险识别得出的风险主控要素及破坏模式等为基本前提，考虑大坝赋存环境、风险主控因素及其不确定性，依据强度准则、设计标准、行业规范以及安全监测信息的大坝变形、应力-应变、渗流异常判别准则，采用定性与定量相结合的方法确定风险发生的可能性及后果，进行风险评估。

（3）安全风险预警与风险协同管控。结合大坝枢纽工程特点、运行情况、风险特征及监测设备布置情况，确定大坝主要监控部位及监控范围，同时依据大坝枢纽主要故障模式及其与监测信息的耦联机制，建立大坝安全关键部位监控指标体系，并综合特殊不利工况下数值模拟结果、变形及渗流发展规律预测，以及设计与科研成果、相关规程规范及类似工程经验等，分类提出大坝指标的分级预警阈值。

基于风险感知、识别与评估结果，以安全边界与效益边界为约束条件，以大坝主要风险源为管控要素，以梯级水库运行调度、建筑物缺陷修复、边坡加固等为管控对象，以安全与效益为综合目标，对潜在风险进行协同管控。

2. 系统平台总体架构

大坝安全智能管控系统总体架构包括感知层、传输层、存储层、计算层、分析层和应用交互层，如图 2.5 所示。

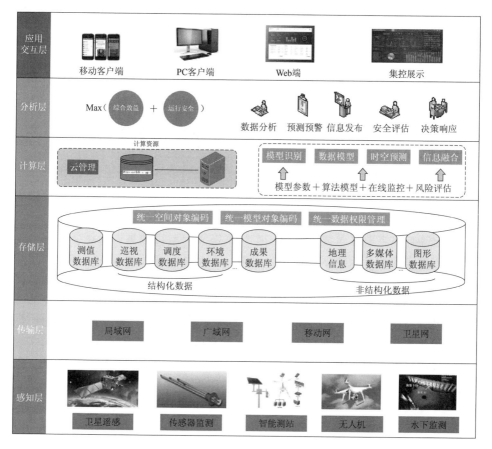

图 2.5　大坝安全管控系统总体架构图

（1）感知层。利用卫星遥感、传感器监测、智能测站、无人机和水下监测等接触式和非接触式智能监测设备，辅以电子表单、PC 端人工录入功能，为一体化数据平台提供信息采集功能。

（2）传输层。利用局域网、广域网、移动网和卫星网等不同网络模式，提高智能感知信息传输效率，突破数据孤岛，实现互联互通。

（3）存储层。存储层是对感知层信息的集成，包含平台所需的测值、巡视、成果、地理等方面的数据信息。通过统一的空间对象编码和工程模型数据配置，避免不同来源、不同阶段、不同类型的信息出现冲突、孤立、无法关联等问题。

（4）计算层。构建数据异常识别与修复、数据分析、在线监控、风险评估等自匹配和自修正的模型库、准则库和方法库，通过各部门之间的资源平衡，按风险最小的搜索路径，实现安全风险的早期识别、分级预警和协同调控决策。

（5）分析层。分析层则根据计算层结果，综合考虑发电效益、防洪效益、工程运行安全效益的最大化，形成最合理的决策响应方案，并完成方案发布、执行及跟踪执行轨迹。

（6）应用交互层。应用交互以三维可视化单元工程为载体，为PC客户端、移动客户端和集控展示等提供多平台操作界面。

2.3　大坝安全智能管控关键技术

2.3.1　智能感知与传输

智能感知利用测量机器人、GNSS卫星定位测量、多波束探测、浅地层剖面探测、水下无人检测、三维激光扫描和无人机航拍等先进量测技术，实现对大坝、边坡等管控要素协同智能感知，实时采集大坝监测数据、工情数据、环境数据和边界信息等多源数据。实际应用中，首先多维度评估变形、渗流、水位等接触式智能监测设备，以及无人机、三维激光扫描等非接触式高新量测技术的适用性、通用性、经济性和精确性，再结合实际工程监测信息需求，充分考虑数据采集的点位、种类、精确度和频度，以及技术方法的先进性和可靠性等，构建接触式与非接触式融合互通的"空天地水体"一体化智能监测体系，实现流域梯级群坝安全运行及超标洪水、超限降雨、地震等极端环境下应急响应的智能组合式驱动，大幅提高大坝安全监测智能化程度及监测精度指标，有效提升大坝安全风险感知能力，如图2.6所示。

智能传输的关键在于构建以互联网为基础，以工业物联网和移动互联为补充的传输网络体系，支撑大量数据、图像、视频等信息的传输，实现大坝安全各类感知对象和各级用户之间全面的互联互通，保障感知应用终端与大数据中心的实时交互和反馈。对流域而言，应建立覆盖流域生产区域的通信传输网，实现万兆骨干、千兆到桌面的网络连接，建立以电力光纤传输网为主，运营商专线为辅的骨干通信传输网，以及5G与高速Wi-Fi全覆盖的流域生产区域移动网和卫星移动互联网。

2.3.2　信息存储与融合

信息存储首先需要构建基于服务器、存储、网络和安全等硬件设备和各类虚拟资源池的大数据中心，按时间、空间对数值、文字、图像和影音等不同形式数据自动识别、分析、配置和存储，同时以"一个目录、一个地图、一张表"为思路开展数据治理和数据标准化建设，实现多模态数据的海量存储和快速

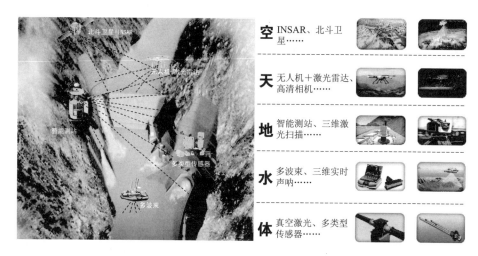

图 2.6 "空天地水体"一体化智能感知体系

提取。

大坝安全信息包括安全监测、气象环境、地质灾害、电力调度和水库调度等多源信息，涉及监测数据、巡视检查图像与短文、智能检测图像等多模态，应深入分析其结构维度特点和异质特性，通过时序连贯、空间相似等途径，构建多模态数据自适应融合互补模型，实现冗余信息自主筛选、低信度和低价值信息辨识剔除、差异信息优势融合和异维信息协同互补，建立业务协同的共享信息流和信息互联互馈机制，形成统一、高效、可靠的信息汇集区、获取区和应用区。大坝安全信息存储与融合的技术框架如图 2.7 所示。

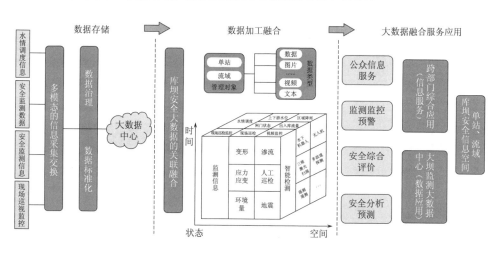

图 2.7 大坝安全信息存储与融合的技术框架

2.3.3 数据辨识与分析

数据辨识与分析利用先进的算法技术和自动学习、深度学习等算力技术，构建大坝数据异常辨识、数据修复、数据模型分析等方法库和模型库，为大坝运行安全智能监控提供连续、完整、可靠的数据，以及能够准确描述坝与地基真实运行性态的数学分析模型，其技术流程如图 2.8 所示。

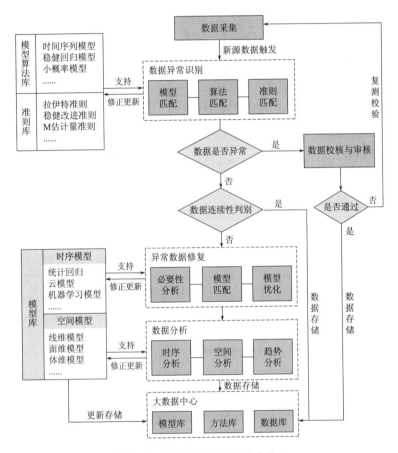

图 2.8　数据辨识与分析技术流程

大坝安全监测数据突变可能是因为监测仪器故障、监测环境扰动或其他因素引起的监测误差，也可能是库水位、降雨、地震等运行环境变化引起大坝结构的真实响应，或结构性态恶化的异变表征。准确识别测值异常突变，合理辨识突变原因，是大坝安全智能管控首先应解决的关键问题。大坝安全监测数据量庞大，数据类型繁杂，如台阶型、离群型、跳动型和震荡型等，应融合远程智能感知、时空关联分析、环境-力学耦联分离等技术，构建大坝安全监测数据异常识别自修正、自适应模型簇和准则库，建立结构性异变和随机误差、设备故障和环境响应等非结构性异变的分类辨识方法，实现数据异常的智能高效辨识。

监测仪器短时异常、监测仪器更换、错误信息删除和外部环境扰动等因素常造成安全监测数据序列的不连续、监测数据响应错位无法真实反映大坝安全运行性态等问题，应考虑时序连续性、力学响应一致性、分布规律关联性等特点，研究大坝安全监测序列的时空互补修复模型，建立点位特征—修复模型—修复准则的自匹配规则，实现关键缺失数据修复，确保大坝安全监测数据序列能完整、真实地反映大坝运行安全性态。

大坝运行性态影响因素众多，且其工作性态随运行时间和赋存环境是动态变化的，构建合理的大坝安全监测分析模型，解析监测效应量的时空变化规律，深入分析变量趋势性和异常现象的物理成因，是实时掌握大坝安全运行性态的基础。大坝安全监测分析模型构建首先应分析效应量与环境量的响应特性，考虑其因子组合模式、影响滞后性、滞后影响程度等因素，构建反映其物理成因的因子函数；再对比不同环境量因子函数形式的统计回归、云模型、机器学习算法等分析模型的稳定性、拟合精度、预测精度等，建立能刻画不同类型、不同赋存条件大坝安全运行性态的监测分析模型。

2.3.4 大坝安全在线监控

大坝安全在线监控主要针对大坝安全隐患和薄弱部位，如混凝土坝的坝顶、坝基、典型坝段、岸坡连接坝段；拱坝的两岸抗力体，不同结构连接部位；土石坝的坝顶、坝基、防渗体、下游坝坡、穿坝建筑物连接部位、岸坡连接坝段等，其核心技术主要包括监控指标和监控模型的构建。

大坝结构、地基及运行条件复杂，坝与地基变形、渗流等性态的物理成因与环境响应机制复杂，不同工程的关键监控指标差异较大。大坝安全监控指标体系构建多结合安全监测布置特性，首先通过国内外同类工程统计，同时结合不利工况下数值模拟成果分析其可能的破坏形式、破坏位置、破坏路径，分析大坝运行安全的主要故障模式，建立大坝监测信息—故障模式的耦联机制；其次根据其工程监测设施布置、工程运行性态、地形地质条件、工程结构特点等，提出大坝关键监测部位、监测项目和重要测点，建立基于安全监测的大坝安全关键部位监控指标体系。

监控模型构建应针对正常运行工况—结构安全性态监控、极端运行工况—应急监控、故障预警—响应监控等不同层级的安全智能监控需求，分析比较统计回归、机器学习、确定模型和混合模型等拟合精度和预测精度，从模型稳定性、预测精度、泛化能力等多方面论证其适用性和有效性，融合安全监测信息、暴雨、洪水等环境量监测预警，结构故障识别预警等多源信息，建立正常工况性态、极端工况应急、故障风险响应等不同监控层级的自动触发机制及其模型自适应、自修正、自更新准则，考虑挡水建筑物、泄水建筑物等不同监测部位，变形、渗流等不同监测类型，以及不同层级的监控需要，提出监控部位—监控项目—监控层级—监控模型等智能递进式组合匹配准则，实现大坝安全动态、高效智能监控，如图2.9所示。

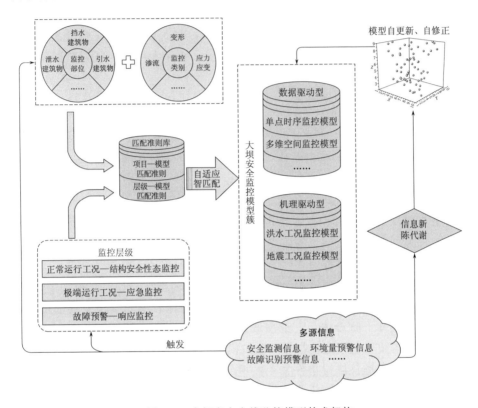

图 2.9　大坝安全在线监控模型技术架构

2.3.5　大坝安全风险智能管控

　　大坝结构故障一般并不是突然出现的，从结构细观变化到最终产生宏观破坏往往具有一定的演进过程，变形、渗流等在线监测数据可以反映大坝安全性态的动态演变，应建立力学机理与多源数据耦联驱动的大坝安全风险动态评估模型，实现大坝结构潜在破坏部位、破坏模式及破坏风险的实时评估预警，其核心技术主要包括大坝结构故障—监测表征—安全风险的动态耦联机制建立和大坝安全风险—监测数据耦联评估模型构建，技术架构如图2.10所示。

　　在大坝服役期间，大坝结构故障与监测表征存在耦联关系，建立其动态耦联机制应首先分析流域梯级库坝群服役环境与安全状态，梳理影响大坝安全的风险源赋存情况，分析复杂运行环境下流域梯级群坝运行过程中可能出现的极

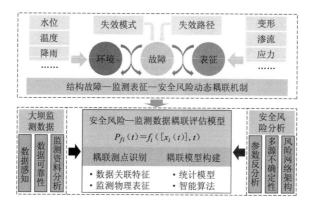

图 2.10　大坝安全风险动态评估架构

端工况和不利工况组合，提出流域梯级坝群运行安全风险典型特征及其灾变演进路径与架构；再通过大量案例分析、数值模拟，以故障致灾链为寻踪路径，研究环境作用—效应表征—结构故障等链式演化特性，解析"空天地水体"多源监测表征与坝体结构、渗控体系等故障之间的耦联关系，构建大坝结构故障与监测表征之间的动态耦联机制。在此基础上，建立结构破坏风险与监测数据耦联相关矩阵，辨识结构破坏风险耦联监测效应量，考虑大坝故障出现时间的指数概率分布、主客观信息驱动的参数动态辨识更新等多因素，构建信息驱动参数辨识的大坝安全风险动态评估模型，实现多源信息驱动的大坝结构潜在破坏部位、破坏模式及破坏风险的在线快速评估。

3

大坝安全监测技术

3.1 大坝安全信息分类

随着物联网、云计算和移动互联网等的快速应用、发展和普及，大坝运行安全管理进入大数据时代，在信息获取方式上有了更多的手段，信息内容的精度、速度有了大幅度的提高，信息所包含的维度、广度和深度有了大范围的拓展。从空间上看，包含从坝顶到坝基，从上游到下游，从坝体到边坡的关键部位信息；从时间上看，囊括从勘察、设计、施工、运行等全过程信息；从结构上涉及时序、特征值、点云数据、坐标数据、文字、图片、视频等多种类型；从信息来源上包括监测信息、检测信息、水情及工情信息和其他信息等多位一体的全新信息源。

3.1.1 监测信息

监测信息主要包含监测效应量、环境量和巡视检查信息三大部分。监测效应量主要是指大坝、地基和高边坡的外观变形、内观变形、渗流、应力应变和坝体温度等监测量信息，通过在大坝等水工建筑物上布设各类监测点，使用监测仪器和设备进行获取；环境量指能够影响大坝内部性态的环境因素，包含坝区气温、上下游水位、降雨、波浪、冰冻和地震等外界环境监测信息；巡视检查是指对大坝定期开展巡视检查工作，可全面、及时、直观地发现大坝安全隐患，能够弥补监测仪器观测的不足。监测效应量和环境量信息以数据类信息为主，而巡视检查信息则包括文字、照片和视频等多类型信息。

3.1.2 检测信息

检测信息主要指对水工建筑物内部和水下结构等影响枢纽工程安全性的重要部位进行智能检测或无损检测获取的信息，以文字、点云数据、图片和视频等多类型数据为主。内部检测主要针对大坝结构和基岩内部缺陷、裂缝、强度以及金属结构中的缺陷进行探查。水下探测主要是对库区水下地形、水库和坝前淤积情况，建筑物水下部分表面有无磨损、冲刷和钢筋裸露，水下的门槽、导轨和止水设备等有无损坏或变形等进行探查。

3.1.3　水情及工情信息

水情及工情信息指反映大坝运行时的汛情动态、水力状态和工程状态等方面的信息，主要包括出入库流量、洪水、泥沙、动水压力、闸门开启情况、设备设施维修、维护和缺陷管理等。水工建筑物及设备维护与管理类信息涉及缺陷管理、维修方案和维修计划等，包括文字、图表、照片和视频等信息。

3.1.4　其他信息

除了安全监测、检测、水情和工情等信息外，大坝安全管理还涉及设计、施工、鉴定及定检等历史资料信息、各类国家政策与法律法规、技术标准与技术要求、公司相关规定、科学研究、学术交流相关成果和实时评价成果信息等其他信息来源。

3.2　大坝安全监测主要内容

3.2.1　环境量监测

环境量监测主要包括上下游水位、温度、降雨量、波浪、坝前淤积和冰冻等，其目的是了解环境量的变化规律及对水工建筑物变形、渗流和应力-应变等的影响。

水位监测站应设置在受泄流和风浪影响小、便于仪器安装埋设和监测的位置，常用的监测设备有水尺、电测水位计和遥测水位计等。

温度监测主要包括气温和库水温度监测。气温监测常采用直读式温度计、自记式温度计和干湿球温度计等。库水温度监测常采用深水温度计、半导体温度计和电阻温度计等。

降雨量监测场地应空旷、平坦，不受突变地形、树木、建筑物以及烟尘的影响，同时应避开强风区。常用的降雨量监测仪器有雨量器、虹吸式和翻斗式雨量计。

波浪监测包括库面波浪监测和护坡波浪监测。库面波浪监测包括波浪高度、周期、波长和波速的监测，常采用测波杆或测波器测量波浪的高度和周期，用漂浮波速尺测波长和波速。护坡波浪监测主要包括波浪爬高和浪压力。波浪爬高可采用水尺直接测读或通过量测斜坡浪迹长度折算。坡浪压力则通过护坡上埋设的土压力计或压力传感器进行监测。

坝前淤积监测现常采用多波来扫测坝前三维地形或采用 GNSS 联合回声测深仪测淤积深度。

3.2.2　变形监测

变形监测包括表面变形、内部变形、裂缝及接缝和深部位移等类型，目的是掌握建筑物或构筑物的位移变化规律，研究有无裂缝、滑坡、滑动和倾覆的趋势。

1. 表面位移监测

表面位移监测是根据起测基点的高程和位置，测量建筑物或构筑物表面标点、视标处高程和位置的变化，主要包括水平位移监测和垂直位移监测。

表面水平位移常用的监测方法有视准线法、引张线法、激光准直法、边角网法和交会法等。垂直位移监测常用方法有精密水准测量法、静力水准测量法及三角高程法等。

2. 内部位移监测

内部位移监测主要包括内部水平位移监测、内部垂直位移监测和挠度监测等多种类型。

内部水平位移监测最常采用引张线法和测斜仪法。其中测斜仪可分为活动式测斜仪和固定式测斜仪。内部垂直位移监测常采用水管式沉降仪、电磁式沉降仪、钢弦式沉降仪和静力水准仪等。挠度监测主要利用垂线进行，有多点观测站法和多点支持点法两种方式。多点观测站法适用于正垂线和倒垂线，而多点支持点法只能用于正垂线。

3. 裂缝及接缝监测

裂缝及接缝监测一般采用测缝计，主要有差动电阻式测缝计、电位器式测缝计、钢弦式测缝计、旋转电位器式测缝计以及金属标点结构测缝装置等。差动电阻式测缝计外壳刚度很小，主要用于埋设在混凝土内部；钢弦式测缝计量程相对较大，常用于裂缝开度较大的场合。

4. 深部位移监测

深部位移监测多采用测斜仪和多点位移计。目前，国内多点位移计一般以4点居多，最多为6点，国外可多达10点。

3.2.3 渗流监测

渗流监测对于了解大坝在上下游水位、降雨和温度等环境量作用下的渗流规律以及验证大坝防渗设计具有重要意义。渗流监测一般包括渗压监测、渗流量监测和渗流水质监测。

1. 渗压监测

渗压监测包括基础渗压监测、扬压力监测和绕坝渗流监测等，多采用渗压计进行监测。渗压计形式多种，一般分为竖管式、水管式、气压式和电测式四大类。按照传感器不同，电测式又分为差动电阻式、钢弦式、电阻应变片式和压阻式等。国内土石坝和其他土工结构物多采用竖管式、水管式、差动电阻式和钢弦式；混凝土建筑物则多用差动电阻式和钢弦式；气压式孔隙水压力计在美国和英国应用很广泛；电阻应变片式孔隙水压力计在日本是主要市场。

2. 渗流量监测

渗流量监测方法有容积法、量水堰法和流量仪法，可根据渗流量的大小和汇集条件选用。容积法仅用于渗流量小于 1L/s 或渗流水无法长期汇集排泄的地方。量水堰法适用于渗流量 1～300L/s 范围，常用量水堰有直角三角形堰、梯形堰和矩形堰。量水堰渗流量仪通常采用量水堰和差动电容感应式液位传感器组合而成。

3. 渗流水质监测

渗流水质监测主要包括渗流水的透明度测定和水质的化验分析，是了解渗流水源、监测渗流发展状况以及研究确定是否需要采取工程措施的重要参考资料。渗水透明度测定分为现场测定和室内测定两种，常固定专人进行测定，以避免因视力不同而引起误差。水质化验分析，是采取物理或化学方法，测试所取水样的物理化学性质和所含微生物，为判定其可能来源或对建筑结构材料的腐蚀性提供参考资料。

3.2.4 应力应变监测

应力应变监测是针对结构内部应力进行监测，以判断材料的应力控制是否在材料强度容许的范围之内。应力应变监测是针对结构内部应力进行监测，以判断材料的应力控制是否在材料强度容许的范围之内。工程建筑物的压力（应力）监测包括混凝土应力监测、钢筋（锚杆）应力监测、土压力监测、锚索应力监测、岩体应力（地应力）及岩土工程的荷载或集中力的监测等。

1. 混凝土应力监测

混凝土应力监测是个十分复杂的技术难题，迄今人们还没有研制出能直接监测混凝土拉应力和压应力的实用而有效的仪器。因此，长期以来，混凝土应力应变的监测，主要还是利用应变计监测混凝土应变，再通过力学计算，求得混凝土应力分布。因此，应变计是混凝土应力应变监测的重要手段。常用的应变计有埋入式应变计、无应力式应变计和表面应变计。按工作原理分，有差动电阻式、钢弦式、差动电感式、差动电容式和电阻应变片式等。国内多采用差动电阻式应变计，配合埋设无应力式应变计，进行混凝土应力应变监测。

2. 钢筋（锚杆）应力监测

钢筋应力监测多采用钢筋计，锚杆应力监测多采用锚杆应力计，其实际上是一种应变计，厂家率定过程中已将应变换算成钢筋应力。按采用的传感器不同，可分为差动电阻式钢筋计和钢弦式钢筋计。

3. 土压力监测

土石坝、防波堤和护岸等土压力监测一般采用土压力计。土压力计一般分为埋入式和接触式两种。按采用的传感器不同，又可分为有钢弦式、差动电阻式、电阻应变片式、电感式和变磁阻式等。

4．锚索应力监测

锚索应力监测采用锚索测力计。目前，常用的锚索测力计有轮辐式、环式和液压式三种，均带有中心孔。按所采用的传感器不同，有差动电阻式、钢弦式和电阻应变片式等测力计。

3.2.5　水力学监测

水力学监测的目的是了解泄水建筑物泄流时的工作状态，保证泄洪时建筑物自身和周围的建筑物及下游河道的安全运行。泄洪建筑物水力学监测的主要项目有流态及水面线、动水压力、流速和流量、空蚀与掺气、冲刷等监测。

1．流态及水面线监测

流态监测主要包括泄水建筑物和引水建筑物进口水流的侧向收缩、漩涡的大小和位置、回流范围、水流分布情况及波浪高度等监测。泄水建筑物水面线监测主要包括溢洪道水面线监测、无压泄洪洞水面线监测、挑流水舌迹线的监测和水跃监测等。

溢洪道等泄水建筑物的水面线观测，可在其边墙绘制网格，采用水尺法、直角坐标网格法或摄影法进行观测；挑流水舌的入射角、出射角和水舌厚度可用经纬仪测量，也可用立体摄影技术等进行测量。无压泄洪洞的最高水面线可用预涂粉浆法或水尺法测量，也可用电测式水位计测量。

2．动水压力监测

动水压力可分为瞬时压力、脉动压力和时均压力。动水压力监测断面一般沿水流方向布置在闸底板和闸墩下游的中线处、溢流堰面、消力池底板、边墙和挑流鼻坎的反弧段以及边墙体型发生突变的部位。动水压力监测最重要的是脉动压力监测，主要是测量脉动水流的振幅和频率，多采用测压管法或压力传感器法。

3．流速和流量监测

流速监测通常布置在溢流坝面、渠槽底部或结构突变处、挑流鼻坎末端、下游回流以及上下游航道等部位。流量监测多针对泄水建筑物的泄流流量。流速测量一般采用浮标法、流速仪法、超声波法和毕托管法等方法，而流量可根据流速和过水断面面积进行计算。

4．空蚀与掺气监测

空蚀监测主要针对溢洪道或泄洪洞的弯道及岔道、闸门的门槽和门框、溢流面反弧段、挑流鼻坎、底孔高速水流与坝面溢流的交汇处等部位。可能出现空蚀的部位通过用水下噪声探测仪监听空泡溃灭时噪声强度变化的方法进行监测，并用地面近景摄影法量测空蚀量。

掺气监测主要包括掺气的发生及发展过程、设置掺气坎后水流底层的掺气浓度、明渠水流表面的自然掺气浓度监测等。常用方法有取样法、电测法和同位素法等多种方法。

5. 冲刷监测

冲刷监测主要针对泄水建筑物的溢流面、边墙、闸门的下游底板、消力池、消力戽、辅助消能工、下游渠道和护坦底板等部位。水上部分的冲刷情况目测即可，水下部分的冲刷情况则需采用测深法、压气沉柜检测法、抽干检查法及水下电视检查法等进行观测。

3.2.6 地震反应监测

地震反应监测重点针对天然地震和水库诱发地震对建筑物和边坡的影响，分析建筑物和边坡的地震反映特性。地震反应监测包括地震工况建筑物强震动监测和相关项目的动态监测。

对于坝址区地震基本烈度为Ⅶ度及Ⅷ度以上的Ⅰ、Ⅱ级大坝应进行大坝地震反应监测。地震强震监测应结合专门的地震监测网点进行，常采用强震仪，主要包括强震加速度仪和峰值记录加速度仪等。

3.3 大坝三维变形监测技术

3.3.1 大坝表面变形一体化智能监测技术

大坝表面变形一体化智能监测技术架构，主要由 DMSH 智能测站主机、测量机器人（TPS）智能数据采集和 GNSS 数据采集与控制模块组成，如图 3.1 所示。DMSH 智能测站主机模块具备环境条件的智能感知和精密仪器存储环境的自动控制功能，实时监控测站的运行状况，自动设置温湿度调节，获取气象条

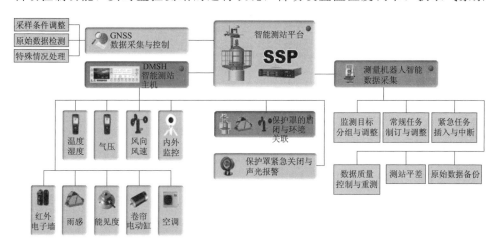

图 3.1　大坝表面变形一体化智能测站架构

件基本参数，确保测站运行野外防护和内部环境要求，智能选择最佳测量时机自动启闭测站观测窗口，配合测量机器人完成既定的工程变形监测任务；测量机器人智能数据采集模块具备监测点分组、任务制定、数据质量控制和备份等功能，是该测站平台测量的主要手段。在传统气象修正法基础上，考虑气象观测值的代表性误差以及大气垂直折光系数的不确定性，采用基线校准与气象融合修正技术重构测站到监测区域的温度梯度场和空气竖向密度场模型，利用内插算法计算测站到监测点的气象修正值和折光系数，完成测站到监测点原始观测数据（水平角、竖直角、斜距）的修正，提高单边三角高程监测精度；GNSS数据采集与控制模块包括采用条件调整、原始数据检测和特殊情况处理等功能，每天定时测量，辅助 TPS 测量，实现多类型精密观测仪器设备的同轴装配和集成化管理及不同监测数据源之间的互检互补。大坝表面变形一体化智能测站系统主要包括大视场角功能、外部环境自适应功能、测站状态自动调控功能和基线校准与气象融合修正功能四项。大坝表面变形一体化智能监测技术测量流程，如图 3.2 所示。

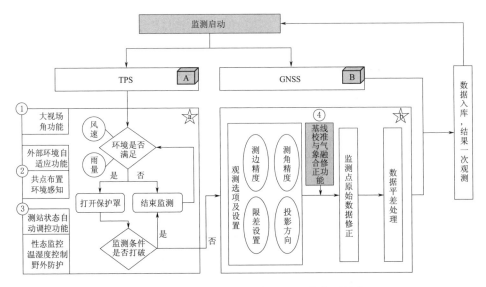

图 3.2　大坝表面变形一体化智能监测技术测量流程

1. 大视场角功能

一般情况下，放置在观测房内的测量机器人通过一面开窗进行观测时水平方向视场角最多能达到 150°左右，即使选择弧形窗体增大视场角范围也最多能够达 200°左右，无法适应高坝单测站监控坝顶、上下游坝坡、控制网测点和边坡等大区域监测需求。该一体化智能测站平台设计时，将观测墩加高，采用

360°圆筒形升降窗口，其水平方向视场角可达到 335°左右，竖直方向视场角为 $-45°\sim35°$，大幅提升了单测站可监控范围，降低了多测站建设与运维成本。大视场角效果如图 3.3 所示。

2号测站

1号测站

测站
后视点
监测点
控制
网点

图 3.3　智能测站大视场角效果图

2. 外部环境自适应功能

（1）监测数据互补功能。一体化智能测站将 TPS 监测棱镜与 GNSS 接收天线同心共轴布设，实现了不同监测数据源之间的互检互补，可进行多种变形监测成果综合分析，获得更为精确、可靠的变形监测成果，有效解决了 TPS 监测在区域性暴雨、大雾天气等特殊工况下，不能迅速采集有效数据并及时反馈工程监测信息的问题。此外，对于水库库区、测线较长的测点以及枢纽区重要测点，可形成多源数据互补（图 3.4）。

（2）环境感知及研判功能。传统外部变形自动化监测设定固定时段自动测量，在雨、雪、雾、强日光等不利天气下则无法采集到合格的数据。该一体化智能监测系统具备环境智能感知及研判功能，通过设置雨感应器及风速传感器来智能选择全站仪保护罩打开、开始观测的时间，以规避在大风、大雨等条件下打开保护罩进行测量的风险，提高变形监测数据的整体质量。此外，观测时段除考虑降雨、风速等条件外，通过设置温度传感器，感知温度梯度变化，智

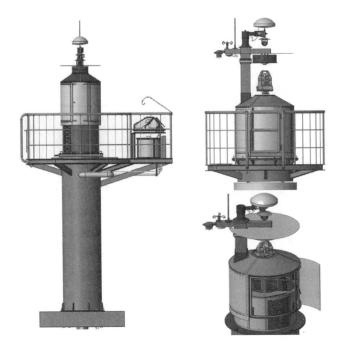

图 3.4　TPS - GNSS 集成效果图

能选择在微风无雨同时温度气压稳定的时段进行观测，从而最大限度地减弱了气象条件对观测精度的影响。

3. 测站状态自动调控功能

智能测量机器人、后视棱镜、GNSS 天线等精密仪器均位于野外测站内，测站内温湿度随着季节周期性变化，其温度年变幅甚至超过 50℃，这极不利于 TPS 等精密仪器的长期稳定运行，也会对仪器运行状态和测量数据精度及可靠性产生较大的影响。因此，该一体化测站在测站内设置了状态适应技术，包括视频监控系统、测站内温湿度监控及机柜空调智能自动启闭系统等。机柜空调可根据需求自动设置温度调节的范围，以确保一体化测站一年内温度变幅基本在 20℃左右；测站内温湿度监控可实时掌控测站内的温湿度条件，并可作为外部变形监测系统气象改正时的基本参数；视频监控系统可以监控测站工作运行状态，反馈测站野外保护状态。

4. 基线校准与气象融合修正功能

自动化变形监测系统必须考虑气象条件、地球弯曲差、大气垂直折光差和监测时仪器水平稳定等对距离、角度测量的影响，由于传统的气象经验公式修正算法未考虑气象观测值的代表性误差及大气垂直折光系数的不确定性，致使监测精度偏低甚至不满足工程测量规范要求。因此，如何利用测站与各基准点间的已知信息，通过基线校准与气象融合修正，实现对监测数据的修正，对提高自动化变形监测精度具有重要意义。

基线校准与气象融合修正功能利用测站到校准基点的水平角、竖直角和斜距等实际监测数据，首先计算实际监测数据和测站到校准基点的坐标反算数据差值，推求测站到校准基点监测方向的气象修正值（温度、气压相关）和折光系数（与空气竖向密度相关），并重构测站到监测区域的温度梯度场和空气竖向密度场模型；再根据监测点的概略坐标（由于各种原因达不到精度要求，提前概算出的坐标），采用平面双线性插值法计算测站到监测点的气象修正值和折光系数；最后完成测站到监测点水平角、竖直角和斜距等原始观测数据的修正，如图 3.5 所示。

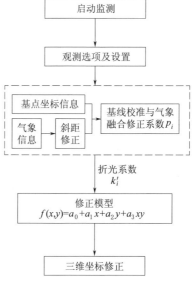

图 3.5　基线校准与气象融合修正流程

利用该修正模型和监测点的概略坐标计算测点基线校准与气象融合修正系数 P 或折光系数 K。根据基线校准与气象融合修正系数 P 或折光系数 K 可修正该测点水平角、竖直角、斜距等监测数据。当测站覆盖区域校准基点多于修正模型的未知系数，也可采用最小二乘法求解。最后根据修正后的监测数据和测站坐标，利用交会平差程序即可得到监测点的三维坐标。大坝表面变形一体化智能监测技术率先在大渡河流域瀑布沟水电站大坝安全监测示范应用，在坝前及坝后分别建设了 1 个智能测站，实现了瀑布沟大坝及近坝边坡共计 73 个表面变形监测点的自动化监测，不仅大幅降低了大坝表面变形人工监测工作量，还有效提升了大坝变形监测的实时性和精度。根据第三方测量精度评价结果：瀑布沟大坝表面变形一体化智能监测技术各测点最大点位中误差为 1.69mm，最大高程中误差为 1.85mm，满足《土石坝安全监测技术规范》（DL/T 5259—2010）中"坝体表面水平和垂直位移精度为 ±3mm"要求，系统平均无故障时间 7491h，优于规范要求的 6300h，运行可靠。

大坝表面变形一体化智能监测技术已推广应用到大渡河枕头坝、大岗山、猴子岩和沙坪等多座大中型水电工程中，实现了流域大坝及边坡变形监测点自动观测，投运以来连续运行情况良好，监测系统稳定，数据可靠。同时，也推广应用到大渡河流域之外的大唐甘肃苗家坝、国家电投黄河上游公司等水电站，大幅提升了大坝及边坡安全风险智能管控能力，产生了良好的创新示范效应。

3.3.2 北斗卫星定位技术

GNSS（Global Navigation Satellite System，GNSS）即全球导航卫星系统，包括 GPS 系统、GLONASS 系统、Galileo 系统和北斗系统等。GNSS 变形监测采用静态相对定位技术，观测时卫星信号接收机分别布置在基线两端站点，通过计算两站点之间的相对位移，消除观测噪声后进行测点位移解算。北斗卫星导航系统由空间段、地面段和用户段三部分组成，可在全球范围内全天候、全天时为各类用户提供高精度、高可靠定位、导航和授时服务，并且具备短报文通信能力，已经初步具备区域导航、定位和授时能力。

随着北斗全球卫星导航系统完善，高精度监测已提升到毫米级，可满足大坝和边坡高精度变形监测要求，且监测时效性显著提升，其主要原理包括以下两个部分。

1. 基于北斗载波相位的高精度定位技术

基于卫星的实时变形监测数据处理的核心为卫星短基线实时解算，主要包括从短基线解算的数学模型、模糊度固定方法、实时数据处理流程及参数估计方法、天线相位中心、对流层延迟、电离层延迟等误差的应对处理等方面展开数据处理算法研究。

载波相位观测是用由卫星发射并被接收机接收的载波相位信号来确定卫星到接收机几何距离的一种测量方法。在变形监测中，基准站和监测点之间的基线长一般都是短基线（小于 5km）。相对定位数据处理时，常将同一时刻基准站和监测点的观测数据在测站间和卫星间分别做差，即进行双差，以消除卫星钟差、接收机钟差，从而削弱观测值受到的电离层和对流层延迟误差。

2. 北斗高精度天线技术

天线是北斗高精度安全监测系统的重要组成部分，通过将空间电磁波传输信号转换为电信号，实现地轨道卫星跟踪，主要具有以下几个特点：

（1）幅度方向图和增益。当卫星低于所规定的俯仰角时天线停止接收，以避免出现严重的多径效应和对流层效应。对于卫星导航系统，要求俯仰角增益不能过低，因此天线方向图应该具有较宽的波束宽度。

（2）相位方向图。在利用直接相位测量的定位系统中，对应于卫星的不同方向的天线输出端的相位差会造成相当大的位置误差，这种误差是精确测量所不能接受的。在覆盖区域内，天线不仅应提供振幅的均匀响应，而且还要提供相位的均匀响应，这对于相位跟踪接收机亦尤为重要。

（3）频率和极化。目前已有的卫星导航系统工作频率各不相同，北斗二代卫星导航定位系统工作于上行 L 频段（左旋圆极化），下行 S 频段（右旋圆极化）。在更为精确的定位情况下，通常使用双频或多频来补偿电离层传播造成的延时，因此要求天线在各个频率上都具有良好的工作性能。

随着北斗高精度定位技术在大坝、大型桥梁、隧道等工程的变形监测中广泛应用，技术愈发成熟且精度较高。大渡河流域电站自 2019 年开始大力引进高精度北斗监测系统，首先在瀑布沟水电站建设了包含 1 个基准站、5 个监测站的北斗高精度变形监测系统（图 3.6），可开展自动化的变形监测数据采集、处理、分析和预警，按预设时间间隔每 1h 输出一次变形监测结果，实现面向坝体、库岸边坡的基于北斗定位解算的高精度三维变形数据，24h 连续运行，具备全天候运行的能力，并与原进口 GPS 变形监测数据同点位、同时段对比表明，北斗变形监测精度可达毫米级，与测量机器人数据和 GPS 数据吻合度较高，满足大坝和边坡变形实时监测需求。该技术已推广应用到深溪沟、沙坪二级、大岗山、吉牛等水电站大坝变形监测工作中，累计建成 67 套北斗变形监测设备，应用设备数量还将持续稳定增加。

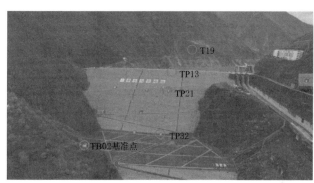

（a）大渡河瀑布沟大坝北斗卫星定位监测点　　　（b）北斗与GPS卫星同点布置并对比论证

图 3.6　北斗卫星监测技术在大渡河瀑布沟水电站的应用

3.3.3　三维激光扫描测量技术

三维激光扫描测量技术利用激光测距的原理，通过高速激光扫描测量的方法，大面积、高分辨率、快速地获取物体表面点数据（三维点云坐标、点的颜色、亮度等信息），并快速重构出目标的三维模型，使得庞大、繁杂、抽象的工程对象变得具体、精细和可感知，其设备主要包括扫描仪主机、数码相机、电源、软件控制平台以及 GPS 接收机、WLAN 天线等。三维激光扫描测量技术中激光测距的原理主要有时间漂移原理、相位测量原理和三角测量原理三种，其中时间漂移原理测距是目前应用较为广泛的一种方法，该方法根据激光信号传播的速度和飞行时间来计算距离 ρ，再结合通过激光的空间角度，得到被测点相对扫描仪的空间坐标，如图 3.7 所示。

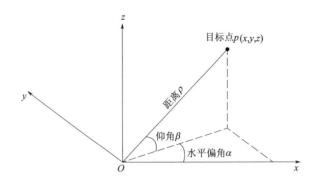

图 3.7　三维激光扫描测量原理

与传统测量技术相比，三维激光扫描测量技术具有以下优势：

（1）非接触测量。可用于远距离直接测量，尤其是监测人员无法到达或者易发生危险的区域测量工作方面。

（2）扫描采样频率高。三维激光扫描采样速度快，目前采样点的速率范围最高可达几十万点每秒。

（3）主动发射扫描光源。仪器通过自身发射信号来获取目标点的三维坐标信息，且不受时空限制。

（4）分辨率高，精度高。三维激光扫描仪的点云数据分辨率很高，点间距可达毫米级。

（5）点云数据兼容性好。点云数据可以通过相对开放的接口格式被 Geomagic、AutoCAD、3ds max 等专业三维软件所调用。

对于三维激光扫描测量技术而言，得到高精度、高质量的点云数据是该技术的关键，主要包括点云数据获取和点云数据处理，其中点云数据获取主要取决于野外现场扫描作业的规范程度，而点云数据处理则主要是借助于相关的科研工具，如 Cyclone - Scan、3DRiSCAN、Polyworks 等。随着最大扫描距离和分辨率的快速发展，三维激光扫描测量技术在地形地质调查、变形监测、缺陷检查和地质灾害评估中的应用广泛，如大渡河龚嘴水电站大坝采用三维激光扫描技术对坝面及基础廊道进行了三维数字化信息采集，建立了大坝三维数字化模型，在大坝安全监测分析中发挥了重要作用。

3.3.4　合成孔径雷达干涉测量技术

近年来，卫星遥感技术发展快速，其空间分辨率、时间分辨率显著提升，将人类带入到一个多层、立体、多角度、全方位和全天候对地观测的新时代。通过卫星遥感技术对大坝及其边坡进行观察和测量，相比传统的三角测量、水准测量等光电大地测量监测手段，具有范围广、成本低、实施易、高动态和高精度等优势，是一种理想的大坝及边坡形变监测技术。

1. InSAR 形变监测技术

合成孔径雷达（Synthetic Aperture Radar，SAR）是一种主动式微波传感器，通过发射天线主动向地面或者被监测物体发射微波波束，再通过接收天线发射波的散射回波信号，探测出地表及其他被监测区域的空间信息，能够实现全天候、高分辨的对地观测，还能透过地表和植被获取地表下信息，但其只能获取方位向和距离向的二维平面信息，并不含有地面的高程信息。

合成孔径雷达干涉测量技术（Interferometric Synthetic Aperture Radar，InSAR）是基于 SAR 影像获取地表三维信息和变化信息的新型空间对地观测技术，它可以高精度地监测大面积微小地面形变，实现对地表形变毫米级的几何测量。根据成像模式，InSAR 技术一般分为单轨道双天线和单天线重复轨道两种。它将合成孔径雷达（SAR）置于卫星上，通过两副天线同时观测（单轨模式），或两次近平行的观测（重复轨道模式），对目标场景进行照射，获取地表同一景观的复图像对，其重访周期最高可达几天每次。这项技术无须设置地面观测站，仅需通过雷达卫星对地监测和数据获取分析，实现主动式、全天时、全天候数据获取，且单次监测范围可达上千平方千米。

由于目标与两天线位置的几何关系，在多时相 SAR 影像上产生了相位差，InSAR 技术就是根据这种相位差形成干涉条纹图，干涉条纹图中包含了斜距向上的点与两天线位置之差的精确信息。因此，根据相位差以及传感器高度、雷达波长、波束视向及天线基线距离之间的几何关系，InSAR 技术可以精确地测量出图像上每一点的三维位置和微小变化信息。雷达与地面目标的关系如图 3.8 所示，其中 S_1、S_2 分别为 SAR 系统卫星两次成像时的位置，H 为传感器高度，B 为两天线之间的距离，称为空间基线，α 为空间基线和水平方向的夹角。

与传统的 GPS、水准测量等基于离散点的形变监测技术相比，InSAR 技术具有监测精度高、范围广、受天气影响较小、可获取全天时全天候数据等优势，在大坝、边坡、桥梁等变形监测中得到广泛应用。以大岗山水电站为例，运用 InSAR 形变监测技术对 2022 年 9 月 5 日泸定地震前后黄草坪变形体的地表面积变化及相干点形变进行了时程分析，对比黄草坪区域在 2021 年 1 月至 2022 年 8 月与 2021 年 1 月至 2022 年 10 月的 Stacking 数据监测结果，可以看出该区域在地震后沉降值点位颜色为深红色的点明显增多，说明地震加大了该区域的形变。并将其成果与机载三维激光扫描建模成果对比，其揭示的变形体演变过程及规律与地面调查、地面监测成果高度一致，其形变速率如图 3.9 所示。

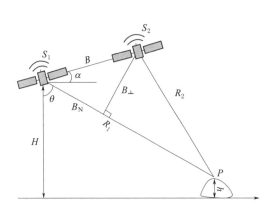

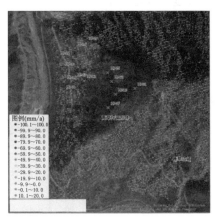

图 3.8　InSAR 成像几何关系

图 3.9　黄草坪变形体形变速率

2. GB – SAR 变形监测技术

InSAR 技术可实现地表高精度三维变形信息的实时提取，但由于雷达卫星具有固定运行周期，一般以天计算，InSAR 数据难以满足突发灾害及快速变形监测的要求。地基合成孔径雷达 GB – SAR（Ground – Based Synthetic Aperture Radar）采用差分干涉测量原理，与 InSAR 相比，其空间分辨率更高、不受轨道限制，可以根据观测场景和被测物体的动态特性灵活设置重复观测时间，取得极短的重复观测周期，获得合适的时间基线，能够达到亚毫米级的高精度。因此，GB – SAR 已成为星载和机载 SAR 在水工结构变形、库岸边坡地质灾害监测预警中的有效补充手段。

地基合成孔径雷达是地面雷达遥感成像系统，通过控制天线沿直线轨道运动实现对局部观测区域的二维分辨成像，其基本成像几何关系如图 3.10 所示。雷达传感器用来发射和接收微波信号，当雷达传感器在轨道上移动时交替发射、接收微波信号。合成孔径雷达技术可以实现其成像功能。一般来说，地基雷达观测期间的空间基线为 0，因此地形相位为 0。为了确定地形相位，2 次扫描过程中，垂直移动传感器的位置可以产生空间基线，如图 3.11 所示。轻微平移滑轨，使得 2 次观测过程中雷达传感器的位置发生变化（$M_1 \rightarrow M_2$），将 2 次观测获得的复数影像共轭相乘，得到的干涉相位中就会包含观测区域的地形相位。轨道的长度决定了方位向的分辨率，轨道越长，分辨率越高。

GB – SAR 变形监测技术具有观测覆盖面大、精度高、全天候、全自动、定点、连续监测、安装灵活、无接触和抗恶劣天气等优点，可以对建筑物进行高频动态测量，并在安全距离内获取被监测区域的空间形变数据，已广泛应用于大坝变形监测、桥梁健康监测、山体滑坡、火山监测、矿区微形变、雪崩和冰川

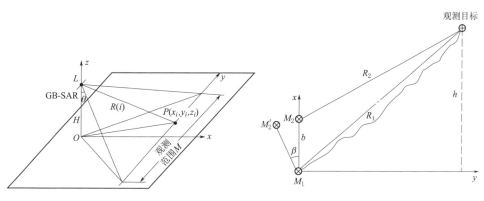

图 3.10 GB‐SAR 观测点和观测   图 3.11 GB‐InSAR 地形相位
范围的立体几何关系

运动与文物保护监测等领域。以瀑布沟水电站为例，应用 GB‐SAR 对其上游右岸拉裂体变形进行了 18 个月的连续观测，成功获取了该拉裂体的变形过程（2011 年 7 月至 2013 年 2 月），并与该区域 DEM 数据融合分析，得到拉裂体的变形过程云图，实现了对整个拉裂体不同时刻不同部位变形特性的实时监控，如图 3.12 所示。

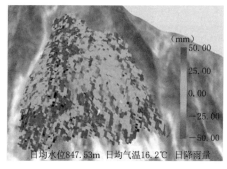

（a）2012年11月15日   （b）2013年1月2日

图 3.12 瀑布沟水电工程上游右岸拉裂体变形过程

3.4 水 下 检 测 技 术

水下结构长期运行过程中会出现不同程度的淤积、冲刷和掏蚀等现象，且这类表观缺陷具有发现难、处理难、突发性强和后果严重等特点。国内外常规水工建筑物异常情况水下检测多采用人工潜水探摸、录像或单点声呐的方式，其作业时间长、效率低、安全风险大、易受作业深度限制且对作业环境要求高。因此，如何利用先进的检测技术准确掌握水下结构的运行性态，为大坝运行管理和水下修补提供准确依据，成为当下亟待突破的技术难题。

3.4.1　多波束探测技术

多波束测深系统也称声呐阵列测深系统，是一种用于水下地形地貌测量及水工建筑物水下缺陷量化分析的大型组合设备，被形象地称为"水下 CT"。多波束声呐测深系统组成，如图 3.13 所示，从设备结构单元来看，其包括测深设备（多波束接收及发射换能器）、声速剖面仪、三维运动传感器、定位设备和辅助设备等。其中，测深设备决定了整个系统的数据分辨率；差分 GPS 接收机是全系统的定位装置；三维运动传感器能实现测量船实时姿态及航向数据的有效采集；声速剖面仪则通过测量区的声速剖面数据，以校正声速曲线。此外，辅助设备包含了导航和数据处理软件等。

多波束测深系统是以一定的频率发射多个波束，波束具有沿航迹方向开角窄而垂直航迹方向开角宽的特点，多个波束形成扇形声波束探测区。单个发射波束与接收波束的交叉区域称为脚印，发射与接收循环称为声脉冲。根据各个角度的声波到达时间或相位即可测量出每个波束对应点的水深值，若干个测量周期组合就形成了带状水深图，如图 3.14 所示。

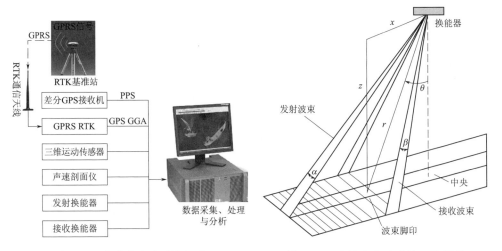

图 3.13　多波束声呐系统组成　　　　图 3.14　多波束声呐系统工作原理

多波束测深系统工作原理和单波束声呐一样，是利用超声波原理进行工作的，不同的是多波束测深系统信号接收部分由 n 个成一定角度分布的相互独立的换能器完成，每次能采集到 n 个水深点信息。因此，多波束探测能获得一个条带覆盖区域内多个测量点的水域深度值，实现了从"点→线"测量到"线→面"测量的跨越，具有水深全覆盖无遗漏扫测、测量范围大、速度快、测深精度和分辨率高等优点。

3.4.2　侧扫声呐探测技术

侧扫声呐探测技术是一种主动式声呐，利用声波反射原理获取回声信号图像，根据回声信号图像分析水底地貌和障碍物，识别水底沉积物类型等。侧扫声呐系统由声学单元、外围辅助传感器、数据实时采集处理单元和成果记录单元组成，如图 3.15 所示。其中，声学单元为侧扫声呐的核心组件，它是一种声电转换装置，通过安装在船体两侧（船载式）或安装在拖鱼内（拖拽式）的换能器中发出声波，利用声波反射原理获取回声信号图像，根据回声信号图像分析水底地形、地貌和障碍物；外围辅助传感器主要包括 GPS、声速剖面仪、罗经和姿态传感器。

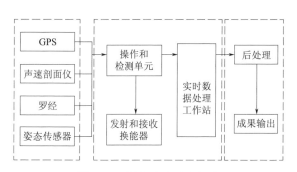

图 3.15　侧扫声呐系统组成

图 3.16　侧扫声呐
系统工作原理

采用侧扫声呐系统进行水下障碍物测量时，系统换能器能向两侧水底发射出超过 100kHz 的声波，该声波无穿透能力，因此回波信号较强，且完全来源于水底面的反射。采用换能器接收并处理返回波束，按照强度、时间对返回波束进行处理，可获得具体的像素值，如图 3.16 所示。就返回波束强度而言，其不仅包含了水底起伏信息，还涉及水底地质信息。通常，回波束信号较强的区域，其水底较为坚硬、粗糙，而回波束信号较弱的地区，水底较为柔软、平坦或呈下凹趋势。

侧扫声呐系统在地貌、地质、地形判断中具有突出优势，在实际应用中主要是通过信号处理装置发送信号，驱动发射装置形成脉冲，这一脉冲信号在水平方向比较窄，但其水平角度却相对较宽。在接收信号过程中，会在不同的接收阵上设计出不同的信号接收装置，通过进行相应的处理，可获得回声信号，最终通过处理装置可以获得图像信息。

3.4.3　水下无人潜航器检测技术

水下无人潜航器是一种由水面遥控的水下作业系统，能在水下三维空间自由航行，可以使用水下摄像、水下声呐等设备进行观察，多功能机械手完成水下作业。按遥控方式分为有缆和无缆两种：有缆水下无人潜航器（Remote Operated Vehicles，ROV）通过脐带电缆获得动力、传送操作指令和探测数据，它主要由推进动力系统、控制系统、导航系统和潜航器单元组成，如图3.17所示；无缆水下无人潜航器（Autonomous Underwater Vehicle，AUV）则由水面工作船通过声呐发信器发出遥控指令，以对潜航器单元的工作进行遥控。

ROV采用了可重组的开放式框架结构、数字传输技术、电力驱动技术，是一种全天候水下作业平台。在其驱动功率和有效载荷允许范围内可搭载高清摄像头、三维扫描声呐、二维图像声呐、ROV姿态和深度传感器（内置）等设备，可针对不同的水下任务，配置不同的外置仪器设备和作业工具等，以准确、高效地完成各种水下调查、水下干预、勘探、观测与取样等多个领域工作。AUV则可经过编程航行至一个或多个航点，在预定时间段内独立工作。AUV自带电能，灵活自如，同时也可以配备声波、摄像机、环境传感器、机械臂等有效载荷。在目前的水下无损检测中，有缆无人潜航器的应用最为广泛。

相对于潜水员作为水下载体，水下机器人检测的优势主要体现在：

（1）灵活性强。多自由度的移动能力可自如应对水下环境的复杂多变。

（2）作业时间长。通过电缆供电的水下机器人基本没有作业时间的限制。

（3）作业深度广。潜水员下潜深度不宜超过60m，而水下机器人作业深度可达100m以上。

（4）作业半径大。水下机器人可以覆盖大面积的检测工作任务。图3.18所示为水下无人潜航器工作。

图3.17　水下无人潜航器系统组成　　　　图3.18　水下无人潜航器工作

3.5　无人机航测技术

无人机是利用无线电遥控设备和自备的程序控制装置操纵的不载人飞机，或者由车载计算机完全地或间歇地自主操作，从技术角度定义可以分为：无人固定翼飞机、无人垂直起降飞机、无人飞艇、无人直升机、无人多旋翼飞行器和无人伞翼机等。

无人机航测技术充分结合了遥感测绘技术和空间信息技术，集成应用了航空、信息、自动化等学科高新技术。无人机航测具有机动性和快速性以及灵活性等优势，具有广阔的应用范围。在水利水电工程建设、管理阶段，利用无人机搭载高分辨率摄像机、雷达等传感器实施低空遥感，可提供监控对象较高分辨率的影像或点云数据，为工程安全管控提供全面的基础数据。同时无人机具有很强的机动能力，也可在工程应急测绘、应急抢险领域发挥重要作用。

无人机航测中相机成像是将 3D 场景投影为 2D 图像的过程，其原理与小孔透视投影模型相同，主要过程是场景点在各坐标系之间的转换，世界坐标系、相机坐标系、图像坐标系、像素坐标系的定义及其之间的转换关系，如图 3.19 所示，其中某点 (X_w, Y_w, Z_w) 在世界坐标系中的绝对坐标位置；(X_c, Y_c, Z_c) 为该点在相机坐标系的位置（以相机中心 O_c 为原点，相机光轴为 Z 轴）；(x, y) 为该点在图像坐标系中相机的像平面上的投影位置；像素坐标系表示图像阵列中图像像素的位置，一般像素坐标系的建立以图像左上角为原点，水平向右方向为 u 轴正方向，垂直向下方向为 v 轴正方向。

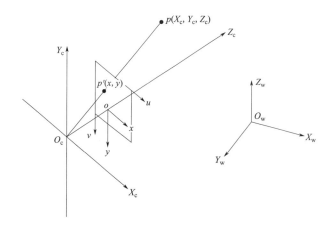

图 3.19　世界坐标系、相机坐标系、图像坐标系和像素坐标系

数字正射影像（DOM）和实景三维模型是无人机航测技术中两个关键的功能，无人机航测法形成数字正射影像通常使用固定翼、多旋翼无人机获取像片，利用平差软件进行空三加密、微分纠正，然后结合影像处理软件进行匀色镶嵌等处理，制作流程如图3.20所示。实景三维模型一般选用搭载五镜头的多旋翼无人机进行航摄，利用倾斜摄影三维建模软件进行空三加密、纹理映射和模型重构，对需要精修的模型再单个进行处理，建模流程如图3.21所示。

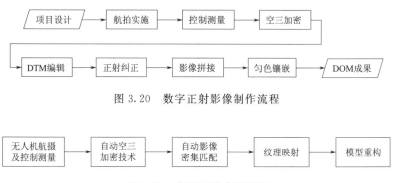

图 3.20　数字正射影像制作流程

无人机航摄及控制测量 → 自动空三加密技术 → 自动影像密集匹配 → 纹理映射 → 模型重构

图 3.21　实景三维建模流程

当前无人机航测技术主要在地质灾害普查、巡视检查、应急抢险等方面应用较为广泛。以大渡河流域为例，利用无人机航拍数据，开展了瀑布沟水电站坝前区域拉裂体及开关站巡查（图3.22），建立该区域地表精细实景三维地质模型，对现有地质灾害的变形及稳定性现状加以佐证。利用无人机（机载 LiDAR ＋UAV 航拍）的立体观测方式，开展了大岗山电站地质灾害普查（图3.23），通过快速获取大坝、地灾边坡超高分辨率数字影像和高精度定位数据，结合实体三维模型、正射影像、地形数据及其他相关空间数据等方法，建立得到高分辨率三维实景模型，为重大地质灾害应急调查提供了更加科学高效的现场影像采集和遥感成果处理方案，大大提高了应急处置效率，增强了突发事件的应急能力。

图 3.22　瀑布沟水电站坝前区域拉裂体及开关站巡查

图 3.23　大岗山电站地质灾害普查

3.6　大坝微震监测技术

　　声发射（AE）和微震（MS）是岩石破坏过程中产生的自然现象，两者具有类似的原理和方法，为了方便，可以将微震和声发射统称为声发射。岩石破裂会造成快速的能量释放，释放的能量一部分由弹性波的形式向四周扩散。声发射测试技术能够直接对该弹性波进行识别，并将弹性波信号转化为数字信号。通过一系列数字信号处理技术，可以得到丰富的破裂源信息，对于岩石破裂机制研究具有重要意义。

　　由于声发射是对破坏波进行监测，在一定程度上讲，是一种动态无损监测手段。相对于其他无损监测方法，声发射和微震监测通常是在岩石试样和岩体承载过程中进行应用。其能够方便地对岩石内部破坏特性进行检测分析，使其在各个领域得到广泛应用，如水利大坝、石油、地质、建筑和矿山等行业。声发射测试的基本原理如图 3.24 所示。

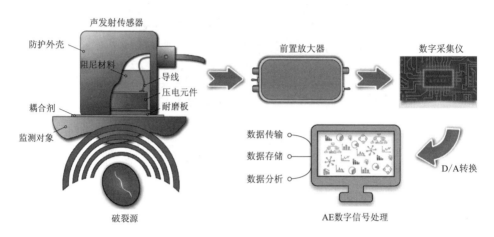

图 3.24　声发射测试的基本原理

常用的无损监测系统拓扑结构如图 3.25 所示，传感器与采集仪之间使用屏蔽电缆连接，线缆在平台上使用高强度 PVC 管保护，埋在地下约 0.5m 处，在监测对象表面尤其是破碎处需要使用电线杆悬空布置，保证线缆在监测期间不被落石和车辆破坏。采集仪与服务器之间使用光纤和网线连接，传感器收集到的模拟信号通过采集仪进行数模转换成数字信号，进而传输至服务器进行数据的进一步分析处理和保存，同时服务器为采集仪提供授时功能。

岩石内部局部缺陷受力超过其强度时，会发生微破裂，并释放声发射信号。声发射传感器放置在监测体表面，通过压电元件将质点振动信号转化为模拟电信号。前置放大器将传感器接收到的微弱电压信号进行放大之后，由数字采集仪将放大的模拟信号转换为数字信号（D/A 转换）。最后，声发射主机接收数字信号，将其写入硬盘以便进行数据处理分析。

事件定位是研究岩石破裂裂纹扩展的基础，也是声发射、微震研究中最经典的课题之一。准确的事件定位，可以为之后的数据分析提供重要支撑。为了提高定位精度，当前已提出了大量的定位方法，包括直接算法、相对算法和智能算法等。直接算法包括最小二乘法、盖格算法、单纯形法，相对定位法包括主事件定位法、双差定位法，智能算法包括粒子群法、模拟退火法、遗传算法等。

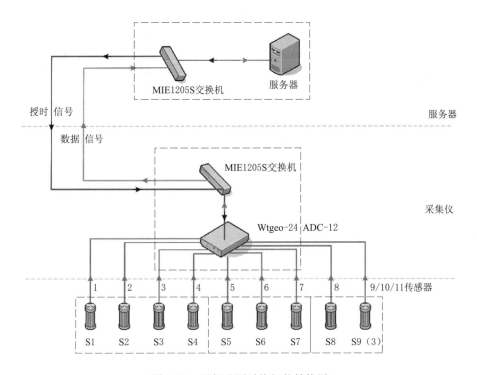

图 3.25　无损监测系统拓扑结构图

　　声发射和微震监测定位技术主要利用结构的微震事件数随时间的变化判断结构的安全状况，可实时获悉三维空间中微型破裂的空间位置、破裂强度、发展趋势和迁移过程，实现工程灾害的实时监测、预警和预测。微震监测定位技术在水电行业中的应用主要集中在地下洞室群、边坡工程、隧道掘进、坝体等大型工程安全监测中，如猴子岩水电站通过微震技术准确定位了主厂房高边墙中的局部破裂，为水电站地下洞室群后期开挖和支护提供了重要参考，如图3.26 所示；瀑布沟水电站利用微震监测技术对坝前拉裂体边坡全波形地震数据进行了细致分析，研究了微震事件的时间、位置，并基于微地震破裂机制对右岸拉裂体边坡的变形边界进行了精细化定位，为边坡稳定性评价提供了依据，如图 3.27 所示。大岗山水电站首次在坝体内部开展了微震监测，对大坝微震事件个数、能量、增长趋势、微震事件空间特性进行了分析，确定了大岗山大坝主要微震变形区域，并通过数值模拟分析，对地震扰动下大岗山水电站加速度分布特征进行了分析，实现了基于微震的坝体变形分析和稳定性评价如图 3.28所示。

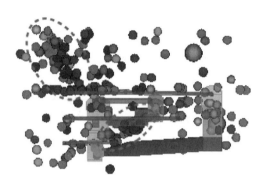

图 3.26 猴子岩水电站地下洞室群微震监测

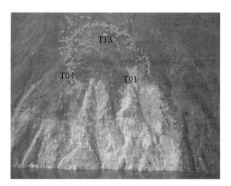

图 3.27 瀑布沟水电站右岸拉
裂体边坡微震监测

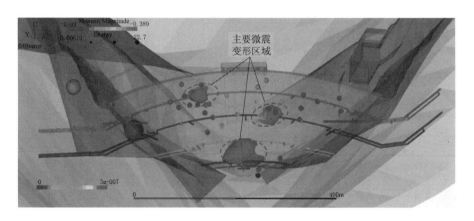

图 3.28 大岗山水电站坝体内部微震监测

3.7 边坡多重散射波波速监测技术

多重散射波指利用地震计获取的地下介质微弱但连续的振动信号。如图 3.29 所示，地震计记录通常是看似噪声的连续的地震位移数据，其数据规模庞大，所包含的多重散射波数据中蕴藏着丰富的地下介质信息。这些多重散射波在与介质内部的微结构充分接触后由于传播路径增大，可反映应力作用下介质在精细尺度的物性变化信息，因此利用多重散射波可观测到介质内部应力场精细的时空演化过程。

利用高灵敏度宽频带地震计可 24h 连续记录边坡内部各个方向的环境背景噪声，经过处理后可获得边坡内传播的多重散射波信息。由于多重散射波（其中大部分是面波/横波）传播路径远远长于直达波，不仅能够记录到边坡体内部

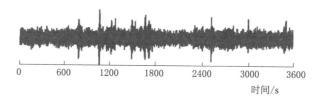

图 3.29　包含多重散射波的地震信号

精细的物性变化信息，还可以获得局部地区构造应力背景的变化。因此，可以通过多重散射波的波速变化解析边坡内部微小的应力变化以及微结构的动态变化特征，提前掌握边坡局部高危区域的应力场时空演化趋势并进行有效预警，从而最大程度地减轻人员伤亡、保证水库、电站、大坝等重要基础设施的安全。

边坡多重散射波波速监测的首要任务是从地震记录的背景噪声信号中提取多重散射波，其主要分为单台数据预处理和台站时间计算噪声互相关函数两部分。提取多重散射波后，再利用波形延展法，提取岩体汇总的波速变化。边坡多重散射波波速监测流程，如图 3.30 所示。主要内容如下所述。

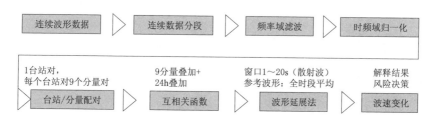

图 3.30　数据处理流程

1. 单地震台数据预处理

单地震台数据预处理应首先去除地震台仪器响应，获得速度记录数据，并将连续数据按小时分割截取；然后再对数据进行频率域滤波和时频域归一化，从而可降低其他强信号对噪声互相关函数的影响。

时频域归一化主要是在时间域对每小时信号按照超过 4 倍方差进行剪除以压制数据中的瞬态干扰信号（如天然地震事件等），并在 $2\sim25\,Hz$ 频率域区间进行谱白化。谱白化可以减少优势背景噪声频段对后续处理的影响，同时可以减弱单频噪声，扩散背景噪声的频段。

2. 计算噪声互相关函数和提取多重散射波

单地震台数据预处理后进行双台间互相关计算，即将预处理后的单台数据按照两台站对之间的每小时 9 个分量对分别做互相关计算，最大互相关时间延迟取 25s，以保证足量的散射波用于计算波速变化。为改善源场的非均匀性、传播过程的方向性以及互相关函数的信噪比，需要对 9 个分量对的互相关函数进

57

行平均的同时，还对互相关函数的左右半轴进行平均，最后将每天 24h 的互相关函数再次平均，最终得到包含有足够散射波成分的噪声互相关函数 $h_i(t)$。将信号再次平均后得到参考信号 $h_0(t)$，用以后续的波速变化计算。

3. 采用波形延伸法提取散射波速变化

通过波形延展法，可以获得不同时刻的噪声互相关函数中的波速变化，保证该方法对观测噪声有较强的适应性。

多重散射波波速监测系统从 2019 年开始在瀑布沟水电站库首右岸拉裂体边坡的滑坡监测预警中得到应用，自 2019 年 7 月 1 日起，多重散射波波速监测系统观测到滑坡体内部波速变化从前期的上升趋势转入下降趋势。这是拉裂体物性出现劣化，弹性模量下降的趋势性背景。在更为精细的数值预警分析中，系统观测到从 7 月 1 日到 7 月底出现了短时（20 多天）剧烈的下降（2%）。至 7 月 31 日，系统再次观测到 2% 的波速变化降幅（再次触及 −1% 线）后提出观测异常简报。最终，在 2019 年 8 月 6 日 16 时 21 分，滑坡体北部边缘浅部出现局部滑动并出现破坏情况，该滑动破坏的土方量 40 余 m³，如图 3.31 所示。

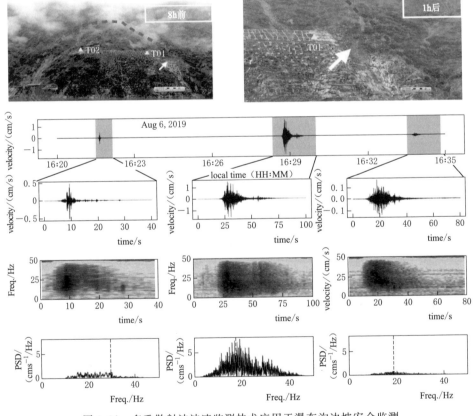

图 3.31　多重散射波波速监测技术应用于瀑布沟边坡安全监测

3.8 大坝内部多类型传感器智能测控技术

国内外水电工程安全监测自动化测控装置多以单片机研制，普遍存在采集速度慢、传输层级多、功能扩展受限和设备状态不详等问题，且主流产品测量模块的通信协议受生产厂家保护，未对外公开，且存在非标协议，不同产品之间测量模块不能通用，制约了大坝安全监测设备的高效集中管控。大坝内部传感器测控技术吸收借鉴国内外水电厂机电设备应用成熟的可编辑控制器（以下简称 PLC）技术，融合了工程安全监测、物联网、边缘计算等新一代信息技术，研发了基于 PLC 技术的大坝内部传感器测控装置，并成功应用在水电站大坝安全监测领域，控制多类型传感器的智能测控，实现了主流监测设备和传感器的即插即用，提升了大坝安全监测内部传感器采集装置的智能化水平。

新型大坝内部传感器测控装备主要由前端感知层、中端测控层和后台应用层组成，其核心是中间控制层装备，它将多类型传感器集成化管理，嵌入预警模型和评判指标，可智能自主地采集数据并识别异常，供后台专业技术人员分析和评价，可适应振弦式、差阻式、电容式和数字式等多类型传感器，并获取变形、渗流渗压、应力-应变、环境量以及设备监控等多参数物理量，其总体架构如图 3.32 所示。

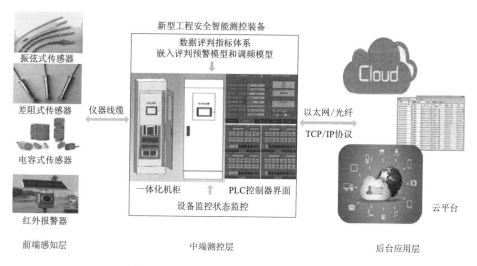

图 3.32　大坝内部传感器测控技术总体架构

多类型传感器智能测控技术主要特点如下所述。

1. 一体化采集预警

目前，国内大坝安全数据采集平台大多数采用采集计算机（工控机）作为数据采集管理平台，在实际使用过程中，工控机经常发生死机故障，每隔一段时间必须人工重新启动，耗费大量人力资源，影响数据采集效率。智能测控装备充分发挥 PLC 的运行稳定，可靠性高、通信协议标准化的特点，集监测数据智能采集和设备状态实时监控于一体，针对水电站工程监测采用的电阻式、电感式、电容式和钢弦式等各种类型传感器，通过线路与智能测控装备直接相连。运用 CAN 总线技术，将常规内观自动化通信网络七层级优化至四层级，缩短网络通信序列，减少网络通信设备和信号转换，有效提高了数据采集效率和传输可靠性，如图 3.33 所示。

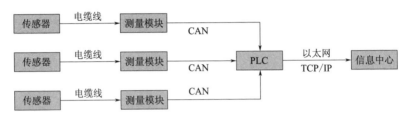

图 3.33　基于 PLC 的数据采集平台架构

智能测控装备同时引入边缘计算，利用嵌入式系统强大的计算、存储平台，在数据源头，也即数据测量模块端，完成测值可信度评判等工作，实现了单支仪器采集数据时间仅为 0.18s，采集效率提升 10.22 倍。

2. 高精度复合测量

传感器的激励电压是整个测量过程的基础，其主要分为高压激励和低压扫频激励两种方式。高压激励是产生一个高压激励脉冲使振弦振动，激发时电压峰值在几十伏至一百多伏。低压扫频激励是根据传感器的固有频率选择合适的频率段，对传感器施加几伏低电压的频率逐渐变大的扫频脉冲串信号，当激励信号频率和钢弦固有频率相近时，即可使钢弦振动。这两种激励方式各有所长，又都有不足。高压激励易使钢弦起振，但精度低，对钢弦损伤大。低压扫频激励精度高，但扫频耗时长。

智能测控装备结合高压激励和低压扫频两种激励方式的优点，采用传感器"高压激励＋低压扫频"，在测量模块中设置了复合测量模式。即第一次测量采用高压激励，快速使钢弦起振，以后测量采用低压扫频方式，解决了振弦式传感器数据跳动、测值不稳、传感器易坏等问题，误差降低至规范允许值 0.14 倍。

3. 采样频率自适应测量

测控装置可根据 PLC 控制器设定规则对传感器单元进行自适应频次的数据采集读取，以获得读取对象完整的状态变化过程，如图 3.34 所示。PLC 具有强大的数据运算处理和存储功能，根据测量结果对比，可实现测量频次自适应主动监测功能。当同一测量对象本身发生较大变化时，通过评判规则，能在测控装置端自动增加或减少数据采集的频次，以获得测量对象的整个变化过程曲线及加密数据，确保能完整记录测量对象的状态变化，避免常规测控装置无法记录关键监测数据及变化情况的弊端，主动记录本体演化过程，获得全过程监测变化曲线及数据，满足大坝在地震、洪水、暴雨等特殊工况下的应急加密监测需求。

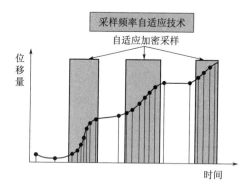

图 3.34　采样频率智能自适应测量技术框架

其相邻两次采集频率为 A 和 B 的判定规则可设为：$|A-B|\leqslant 10$，频次维持原频率不变；$10<|A-B|<100$，频次在原有频率上增加 1 次；$|A-B|\geqslant 100$，频次在原有频率上增加 2 次。

4. 设备故障自诊断

目前，国内常用的大坝安全监测系统，基于单片机开发，其功能较少，系统故障率较高，在故障发生后，需要维护人员自主判断故障部位，对使用人员要求高且耗时较长。智能测控装备利用 PLC 成熟的 I/O 模块，通信端口和可定制化软件的功能，基于故障树分析原理开发了数据采集系统健康状态智能诊断功能模块，实时监测采集系统内中央处理单元、信号处理单元、通信单元等各单元的工作状态，并记录在册，其系统结构，如图 3.35 所示。

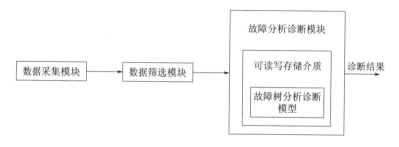

图 3.35　故障诊断系统结构

按照监测系统的组成、结构及功能关系，由上而下，逐层分析导致系统故障发生的所有直接原因，并采用逻辑门的形式将这些故障和相应的原因事件连接起来，建立大坝多类型传感器智能测控装备的故障树结构，如图 3.36 所示。系统故障分为一级故障和二级故障两级，一级故障将影响系统的正常使用，须报警并立即处理；二级故障不影响系统使用，但有可能降低系统使用效能，应警告。同时预先定义了系统自主故障操作和需要使用人员干预操作两类故障处理操作，系统自主故障操作由系统自动完成，不需人工干预。如设备断电重启，重试、隔离故障模块等各类措施；需要使用人员干预操作则包括线路故障（松动或错误），外部电源故障等。

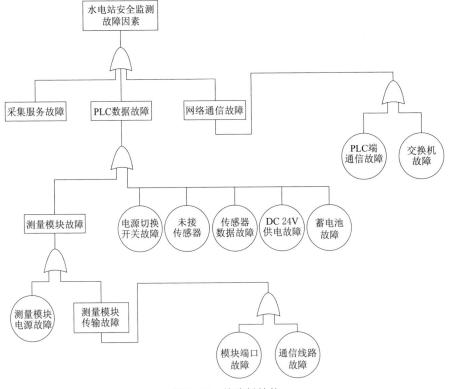

图 3.36　故障树结构

诊断模块根据系统内各单元的实时及历史工作状态，评估系统健康状况，当出现一级故障时，立刻报警，通知使用人员，并通过系统预设处理措施自主处理，如在其他安全监测系统中出现的系统死机情况，可通过设备断电重启操作自动完成系统重启。当出现系统不能自主处理的故障，如系统检测到线路故障，将通过声光报警或者短消息方式通知维护人员，告知哪个设备哪一通道出现线路故障，精确确定故障点，大大方便用户使用，如图 3.37 所示。

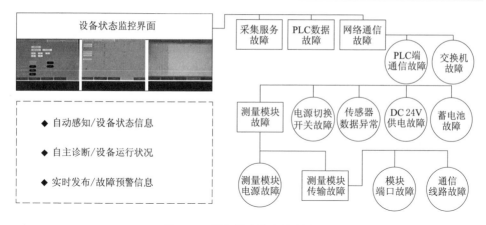

图 3.37 设备健康状态诊断流程

大坝内部多类型传感器智能测控技术在大渡河流域梯级电站得以示范应用，在瀑布沟大坝左岸观测房安装部署了 1 套多类型传感智能测控装置，沙坪二级水电站安装部署了 2 套大坝内部多类型传感测控装置，实现了远程实时采集及设备故障自诊断预警。为分析大坝内部多类型传感测控装置的可靠性和稳定性，将瀑布沟电站多类型传感测控装置与原自动化监测系统进行并行使用，对采集速度、传输效率、数据质量、采集策略和扩展性等关键指标进行对比论证，分析认为大坝内部多类型智能测控装置测试成果中误差、平均无故障工作时间、数据缺失率、准确性评价均满足规范要求。应用大坝内部多类型传感器智能测控技术不仅可以有效提高数据采集效率、优化网络通信层级，还可以监控设备运行状态，实时反馈测控系统的运行状态，具有故障率低，运行可靠和智能化程度高等特点，显著优于常规传感器监测测控装置。

3.9 大坝运行安全智能巡检技术

大坝安全巡视检查是水库大坝安全管理的重要手段，有助于及时掌握水库大坝的运行状况，发现水工建筑物及发电设备的缺陷并及时采取防范措施。

大坝安全巡视检查项目类型多、数量大、分布范围广。传统的巡检工作多采用人工"纸＋笔"的方式进行，易受环境干扰、人员素养等多因素影响，缺乏巡检过程的管控与约束，且工作量大，巡检效率较低，巡检记录不易于保存，不利于充分发挥其在监视大坝运行安全管理中的作用。随着大数据、云计算、物联网、移动互联网和人工智能等新一代信息技术的快速发展，以及智能手机等移动终端设备的普及使用，传统大坝安全巡检方式发生了较大革新。

大坝运行安全数字化巡检系统利用先进信息技术实现广泛的网络覆盖，为便携的移动设备在水工建筑物及其附属设施的巡视检查中的应用创造条件，实现数据的实时交互，集智能化、一体化、信息化于一身，保证大坝安全巡检状态的可感知、可诊断和可决策。

大坝运行安全数字化巡检系统由 Web 应用端（水电站巡检信息系统管理系统网站）和手机 App（水电站巡检信息管理系统移动版）组成，同时支持外部系统调用接口，其构架如图 3.38 所示。信息管理采用 Web 网站方式实现。在实际检查过程中采用移动设备作为巡检设备，采用 NFC 近场通信技术实现实时记录巡检信息，并最终同步到系统中，经审核后发布。整个系统分为数据层、数据访问控制层和数据服务接口，通过对软件层次结构的抽象和组合，能够将数据访问、业务逻辑处理和用户界面展示部分进行分割和组装，使其具备很好的伸缩性和灵活性，更好地适应复杂的网络环境、数据库类型和不同层次用户的特殊需求。

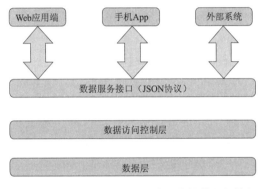

图 3.38　大坝安全数字化巡检系统软件服务构架

大坝运行安全数字化巡检系统的功能构架如图 3.39 所示，可分为 NFC 智能移动终端 App、NFC 标签、Web 后台管理及审核系统三部分。智能移动终端 App 包括实时巡查和标签读写两个 App。标签读写 App 利用 NFC 技术，通过智能移动终端从标签读取信息或将信息写入标签，NFC 标签支持一定字长的文字、字母和数字的写入及储存。实时巡查 App 则作为本系统的主要应用部分，采集信息并实时上传。Web 后台管理及审核系统用于对巡查路线的编制、调整和管理，以及对巡查内容的查看和审核。

利用大坝运行安全数字化巡检系统将现场检查由传统人工巡检转变为数字化、智能化、多维度、全覆盖的智能化模式，解决了传统大坝安全巡检过程中存在的数据组织散乱、巡视结果人为因素多、管理效率低、信息孤岛严重、无法可视化和时效性差等诸多问题，实现了巡检工作的无纸化管理，同时保证了巡查工作的标准化、规范化和可回溯化，提升了现场安全检查的智能化程度。目前，数字化巡检系统已广泛运用于我国水库大坝的日常巡检工作中，以大渡河流域为例，已

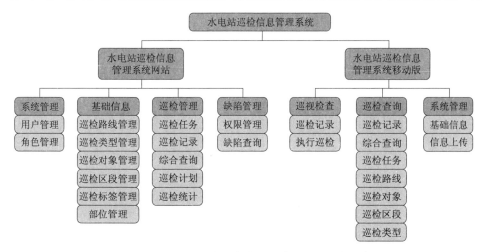

图 3.39　大坝运行安全数字化巡检系统的功能构架

在全流域电站推广应用了大坝运行安全数字化巡检技术，通过提前将巡检的内容根据种类划分为不同的对象，为每个对象预设不同的巡查内容，并允许巡检人员在巡检过程中追加。多个巡检对象组成一个区段，每个区段以开始、结束 NFC 标签控制，扫描开始 NFC 点开始巡检内容，扫描结束 NFC 点结束本区段的巡检。多个区段组成一条巡检路线，每个电站根据工作内容和合理原则，划分为若干条巡检路线，并将数字化巡检系统与库坝安全信息综合管理平台相结合（图 3.40），为水电站水库大坝安全管理决策提供了更高效、准确的技术支撑。

图 3.40　大渡河流域大坝运行安全数字化巡检系统 Web 端综合页面

4

大坝安全监测数据异常辨识方法

4.1 监测数据漏判误判成因分析

在监测时间密度合理的情况下，大坝安全监测序列数据一般呈周期性变化规律，若出现突变，可能是因为监测仪器故障、监测环境扰动或者其他客观因素引起的监测误差，也可能是库水位、降雨、地震等环境量变化引起大坝结构真实的变化响应，也可能是结构性态恶化的异变表征。异常突变值的存在大大降低了数据可靠性，如果不加识别直接使用，可能造成对其安全性态的误判。

工程安全监测数据异常识别方法众多，包括拉依达准则、小波变换、信息熵原理法和未确知滤波法等。目前，基于最小二乘回归（LS）和 Pauta 准则的数据驱动型异常识别模型，因能综合反映环境量影响、计算便捷且编程难度小、可靠性较高等特点，在大坝安全监测数据异常在线识别中最为常用。该模型对样本量大、服从正态分布、量值适中的数据序列，以及含有少量离群信息的监测序列，异常在线识别效果较为理想，如图 4.1 和图 4.2 所示，但对某些测值序列则会出现明显的漏判和误判问题。

4.1.1 监测数据漏判成因分析

受地震、施工、载荷等赋存环境变化，大坝与地基性态改变、监测设备短期测值异常等因素影响，大坝安全监测数据序列常出现单点离群、多点离群、台阶型和震荡型等多种序列特征。基于 Pauta 准则的数学模型法对台阶型、震荡型等数据序列极易出现漏判现象，主要原因如下所述。

1. 台阶型及震荡型数据序列的统计模型精度较低

对于台阶型及震荡型数据序列，由于离群测值个数较多，而最小二乘回归稳健性和耐抗性较差，模型精度较低，如图 4.3 所示，其复相关系数小于 0.5，已不能较好地拟合数据规律。

2. 残差序列严重偏离 Pauta 准则关于正态分布的假定

一般地，基于 Pauta 准则的数据异常识别方法对离群比例的耐抗性在 5% 以内，而台阶型和震荡型等监测数据序列的数据离群比例一般较大，由于大量离

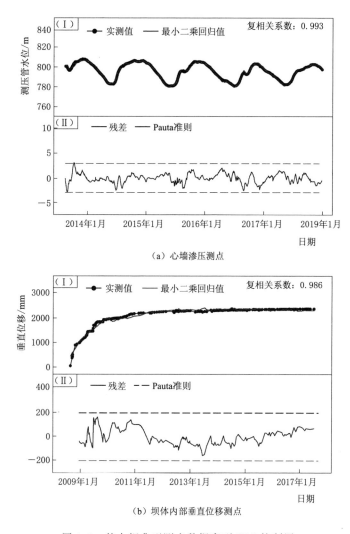

（a）心墙渗压测点

（b）坝体内部垂直位移测点

图 4.1 某大坝典型测点数据序列 SPC 控制图

群点的存在导致残差序列严重偏离 Pauta 准则关于正态分布的假定。对图 4.3 中的台阶型数据和震荡型数据的残差序列进行正态性检验发现，Q–Q 图上的点没有近似地分布在直线 $y=x$ 附近，不服从正态分布，如图 4.4 所示。对不服从正态分布的残差序列采用 Pauta 准则设置预警阈值本身就是不合理的，再加上均值和标准差等统计估计量抗干扰性较差等问题，极易出现预警阈值设置过大而出现漏判的问题。

4.1.2 监测数据误判原因分析

监测数据误判问题主要包括正常值误判和突变值误判两类。

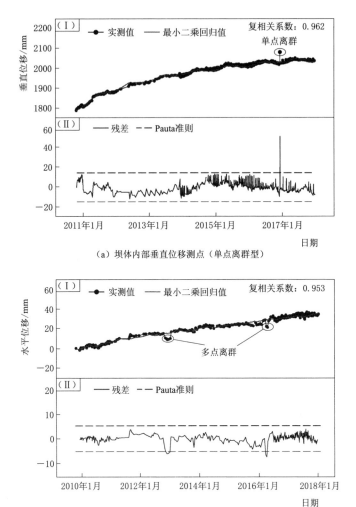

（a）坝体内部垂直位移测点（单点离群型）

（b）坝顶水平位移测点（多点离群型）

图 4.2　某大坝含少量离群数据序列 SPC 控制图

1. 正常值误判

统计回归模型是根据有限的效应量与环境量数据构建的确定性关系式，其预测值 $\ddot{Y}_0$ 实质是一个样本估计值。在实际工程中，一般直接采用预测值的样本估计值 $\ddot{Y}_0$ 替代预测值的总体真实值 Y_0。但是根据样本对总体所作的推断，不可能是完全精确可靠的，存在着一定误差，而传统数学模型将 $3sd_r$ 作为残差的控制值时，仅考虑了监测仪器的系统误差和监测工作的随机误差，忽略了样本对总体的估计误差（模型误差）。

由于效应量本身特征、监测仪器改造和仪器量程调整等因素，大坝安全监

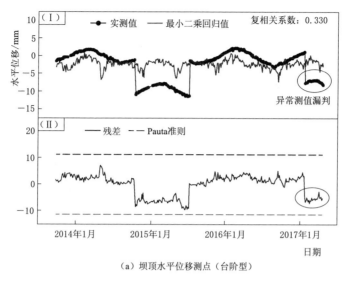

（a）坝顶水平位移测点（台阶型）

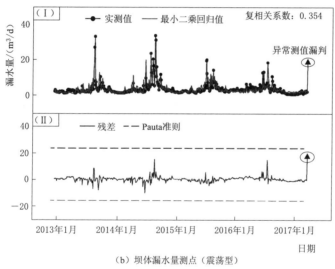

（b）坝体漏水量测点（震荡型）

图 4.3　某大坝台阶型及震荡型数据序列 SPC 控制图

测数据常会出现监测量值及变幅均较小的"小量值"序列，如裂缝、错位等监测序列。该类型数据采用最小二乘回归可以得到较好的模型拟合效果，但其估计误差的大小与传统的残差控制值 $3sd_r$ 相差不大，甚至会大于传统的残差控制值，样本对总体的估计误差则不能忽略。而传统数学模型法未考虑到这一部分估计误差导致其残差控制值取值偏小，则极易正常测值误判的问题，如图 4.5 所示。

69

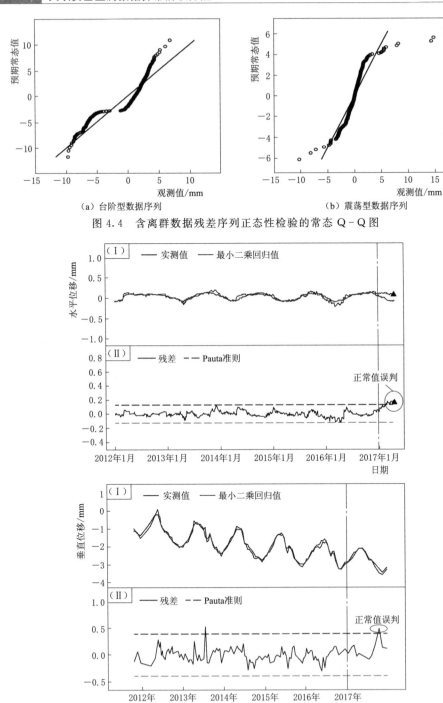

（a）台阶型数据序列　　　　　　　　　　　　（b）震荡型数据序列

图 4.4　含离群数据残差序列正态性检验的常态 Q－Q 图

图 4.5　某大坝廊道激光位移"小量值"序列 SPC 控制图

2. 突变值误判

数据突变值可能是单次测值误差、监测仪器故障等客观因素引起，也可能是库水位、降雨、地震等环境量变化引起大坝及边坡结构真实的变化响应。仅采用基于 Pauta 准则的数学模型法进行识别，无法在线辨别异变诱因，则这类测值都仅能被识别为结构性态恶化的异变表征而导致误判，如"5·12"地震后某大坝在地质条件较差的部位坝基渗流量出现突变而导致误判预警，如图 4.6 所示。

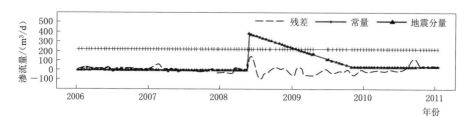

图 4.6　某大坝环境量突变后坝基渗流量测值正常响应

4.2　监测数据异常在线辨识总体架构

4.2.1　基本要求

一般来说，大坝运行性态变化都是缓慢的和趋近收敛的，而监测数据与之有明显的响应特性，能真实反映大坝安全实时性态，可为大坝运行安全智能监控提供连续、完整和可靠的数据支持。传统人工离线甄别时效性差，在线识别异常数据技术适时而生，以期达到监测数据异常快速识别并及时预警、反馈运行安全隐患的目标，逐步实现智能化、高效率、零人工和实时辨识。

大坝安全监测数据源头多、类别多、数量大，不确定性显著，异变诱因复杂，如何在线准确识别测值异常突变，合理辨识突变原因，是大坝运行安全智能管控亟须解决的关键问题。高效的在线智能辨识方法应具备以下特征。

1. 数据异常的高效精准识别

高置信度的监测数据是大坝安全性态实时监控和动态评估的前提和基础，异常突变值的存在大大降低了数据可靠性，如果不加识别直接使用，可能造成对其安全性态的误判。监测数据异常识别方法主要以数据驱动型模型识别为主，常见的有统计模型、神经网络、遗传算法、小波变换、信息熵法和未确知滤波法等。因单一模型泛化能力一般较低，误判漏判率高、识别效率低，有必要针对大坝安全监测常见的数据序列，构建大坝安全监测数据异常识别自修正、自适应模型簇和准则库，综合考虑不同模型与方法的识别精度和效率，建立数据类型—识别模型—识别准则的自匹配规则，实现数据异常的智能高效识别。

2. 数据异变诱因的在线智能辨识

大坝安全监测数据类型多，监测数据突变成因复杂，如因仪器故障、监测环境扰动或其他因素引起的监测误差；或因库水位、降雨、地震等运行环境变化引起的大坝结构真实响应；或因结构性态恶化产生的异变表征等。因此，有必要分析典型数据表征与环境响应、结构性态、测量误差、设备故障等之间的关联性，融合远程智能感知、时空关联分析、环境-力学耦联分离等，集成测量误差消减、环境响应辨识等数据异变诱因智能融合辨识方法，实现大坝结构性异变和随机误差、设备故障、环境响应等非结构性异变的在线分类辨识。

3. 异变数据的合理有效处理

实际工程经验表明，监测数据异变的诱因大部分属于粗差，是由监测仪器、监测方法或监测设备系统误差等引起，也有一部分是外界环境因素变化和工程性态变化的正常响应。异变数据应根据异变诱因慎重处理，常用的方法包括直接剔除离群值、取同一测量条件下补测多次的平均值代替、根据离群原因修正离群值、保留离群值等。因此，有必要构建异变诱因-处理方法的对应关系，实现异变数据的智能处理。

4.2.2 总体架构

为解决传统数据异常识别方法直接用于大坝安全监测数据异常在线识别易出现异常值漏判、环境响应正常值误判、测量误差在线辨识难等问题，应融合数据异常识别和异变诱因辨识技术，实现大坝安全监测数据异常的快速精准识别，以及大坝监测数据非结构异变（偶然误差、仪器故障、环境变化响应等）与结构异变的动态分类辨识，其总体架构如图4.7所示。

1. 数据异常识别

新源数据触发数据异常在线识别模型，从单点时序变化特性的角度出发实时在线识别测值异常突变。为提高监测数据异常在线识别的精度和效率，构建监测数据异常识别自修正、自适应模型簇，自动将规律型、台阶型、离群型、震荡型、小量值等不同数据类型匹配最适宜的识别模型，有效降低误判率和漏判率，实现数据异常的高效识别，详见4.3节内容。

2. 数据异变诱因辨识

数据异变诱因辨识主要针对偶然误差、仪器故障等造成的测量误差和库水位、降水、温度等诱发的环境响应突变。数据异常识别自动触发启动远程互馈校验机制，经反馈校验后首先消解、辨识系统偶然误差诱发的突变；再采用高精度多维时空模型，从线、面、体等不同维度分析同类测点的时空分布特性和规律，从空间同步性和区域一致性出发辨识单一监测设施故障诱发的突变；最后结合库水位、降水、区域地震等环境量与监测效应量响应的耦联关系，分离

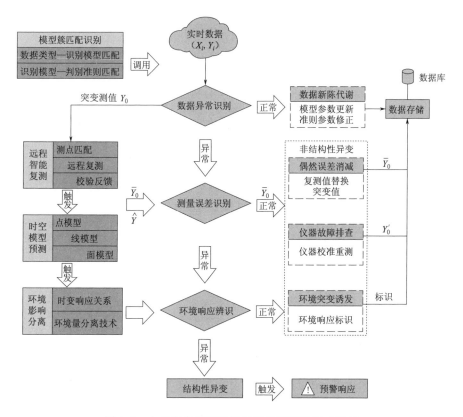

图 4.7　大坝安全监测数据异常在线辨识技术架构

环境量变化的监测效应量响应值，辨识环境量变化诱发的突变，详见 4.4 节内容。

4.3　监测数据异常识别方法

4.3.1　监测数据序列分类

大坝不同监测项目的数据序列呈现不同规律，且受大坝结构复杂性和监测系统不确定性影响，监测序列中不可避免地存在突变、台阶、震荡等多类离群值。大坝安全监测数据序列类型复杂、多样，可按历史数据中是否含有离群值将大坝安全监测序列分为正常型和离群型两大类，再根据其分布形态及时序变化特性细化划分，如图 4.8 所示。

4.3.1.1　正常型数据序列

坝体结构与环境、水力学条件和时效因素等边界条件有较强的相互作用，尽管测值在短时间内表现出随机波动，但在较长的时间段中呈现一定的规律性

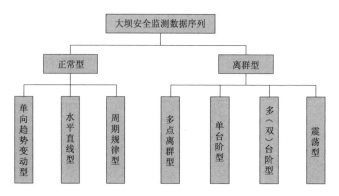

图 4.8 大坝安全监测序列分类

或趋势。正常型序列指历史数据中不含离群测值的序列，该类型数据的监测值在一定时间段内呈现一定的规律性，没有较大波动和跳动，通常服从或近似服从正态分布。按数据序列的变化规律和发展趋势，正常型序列进一步分为单向趋势变动型、水平直线型和周期规律型三类。

1. 单向趋势变动型

单向趋势变动指伴随着大坝安全运行时间的增长，测值在相当长的持续时间内整体呈单方向变化，反映了大坝实际响应量随时间的递增不可逆转的倾向变动。单向趋势变动型测值序列整体呈单方向逐渐增加或减少的变动趋势，常见于土石坝坝体的垂直位移（如坝顶沉降、心墙内部沉降和堆石区沉降等）、横河向位移、补强灌浆后的坝基渗漏量等监测序列，如图 4.9 所示。

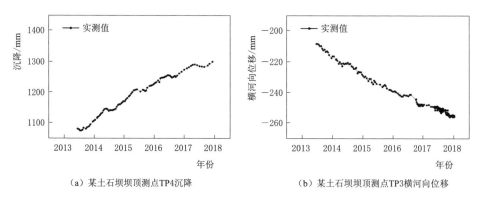

（a）某土石坝坝顶测点TP4沉降　　　　　（b）某土石坝坝顶测点TP3横河向位移

图 4.9 单向趋势变动型序列（垂直位移以竖直向下为正，横河向位移以向左岸变形为正）

2. 水平直线型

水平直线型测值序列整体变化幅度较小，历时过程线几乎呈一条水平方向变动的直线，这类型序列常见于帷幕后的渗压、坝体防渗效果较好的建基面渗压、趋于稳定的裂缝开合度和应力应变等监测项目，如图 4.10 所示。

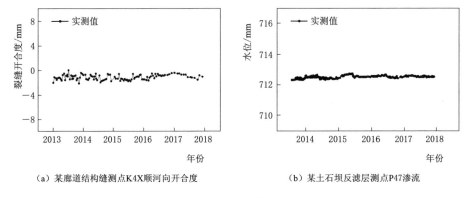

（a）某廊道结构缝测点K4X顺河向开合度 　　　（b）某土石坝反滤层测点P47渗流

图 4.10　水平直线型序列

3. 周期规律型

周期规律型数据序列一般以年为单位随库水位、温度等环境量的变化而周期变动，其效应量受环境作用荷载的影响较为显著。该类型是大坝监测数据中出现较多的序列，常见于大坝顺河向位移、廊道位移和受库水位影响较大的渗压等监测项目中，如图 4.11 所示。

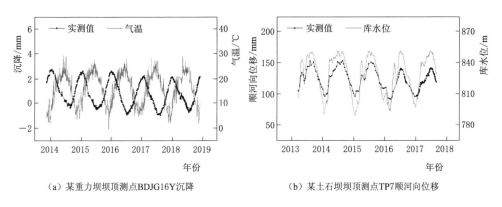

（a）某重力坝坝顶测点BDJG16Y沉降 　　　（b）某土石坝坝顶测点TP7顺河向位移

图 4.11　周期规律型序列

4.3.1.2　离群型数据序列

离群值是指在一系列监测数据中有个别测值与其他数据相比存在较大差异的测值，主要产生原因大致有监测系统的偶然性、大坝结构响应的极端表现等。前一原因产生的离群值与其他数据不属于同一整体，是非正常的、错误的数据；而后一原因产生的离群值是真实而正常的数据，应当慎重处理。因此，在离群值不可避免的情况下，按历史序列中离群测值的比例和离群的形式，离群型序列又分为多点离群型、台阶型和震荡型三类。

1. 多点离群型

多点离群型数据序列一般包括一个或多个测值偏离总体的监测序列，多由监测系统短期故障或不稳定、外界条件干扰、观测人员的错误操作、测量误差等多因素引起的。如图 4.12（a）所示为某土石坝廊道顺河向位移测值受仪器故障影响出现异常突跳（图中★标记）；如图 4.12（b）所示为某土石坝下游坝坡横河向位移测值因监测系统的短期不稳定出现了部分离群测值（图中○标记）。

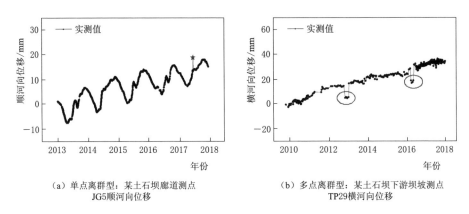

（a）单点离群型：某土石坝廊道测点   （b）多点离群型：某土石坝下游坝坡测点
JG5顺河向位移   TP29横河向位移

图 4.12　多点离群型序列

2. 台阶型

台阶型数据序列与多点离群序列有一定相似之处，表现为部分测值出现离群现象，但相较于多点离群数据，台阶型离群占比更大且表现为某一时间段内测值的突然抬升和下降，且突变后的测值将延续之前的变化趋势。台阶型数据序列产生的主要原因可能是仪器基准值修正、施工干扰、地震等环境因素、监测设备短期故障等，常见的有多（双）台阶和单台阶两种类型。图 4.13（a）所示为某重力坝坝顶顺河向水平位移因监测仪器维护而出现离群测值发生降落后又回升；图 4.13（b）所示为某土石坝堆石区沉降测点由于仪器基准值修正，测值突然下降后便逐步趋于稳定。

3. 震荡型

震荡型数据序列整体具有一定的变化规律或变动趋势，但出现部分剧烈上下跳动的数据，可能系受库水位、降水、气温等环境因素引起的变化，也可能是一些不可抗力的因素导致的。如图 4.14（a）所示为某重力坝量水堰测值受降雨量的影响测值频繁跳动；图 4.14（b）所示为某重力坝坝基扬压力测值因渗压计故障而造成测值在短时间内频繁跳动。

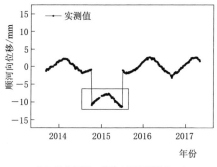
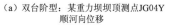

（a）双台阶型：某重力坝坝顶测点JG04Y
顺河向位移

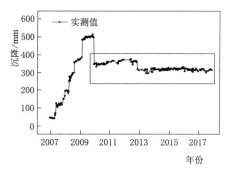

（b）单台阶型：某土石坝堆石区电磁
沉降环测点VE3沉降

图 4.13 台阶型序列

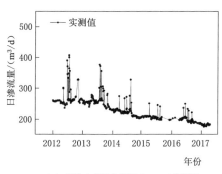

（a）某重力坝量水堰测点LSY12渗流量

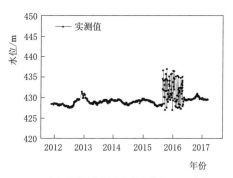

（b）某重力坝坝基扬压力测点YY831水位

图 4.14 震荡型序列

4.3.2 监测数据异常识别模型簇构建

针对单一模型泛化能力低，无法适应大坝安全监测多类型数据而导致误判漏判率高、识别效率低等问题，本书结合离群型、台阶型、震荡型等大坝安全监测常见的离群型数据序列，对比统计回归、稳健回归、卷积神经网络等多类数据异常识别模型的泛化能力和鲁棒性，分析其误判漏判成因，构建大坝安全监测数据异常识别的自修正、自适应模型簇。

4.3.2.1 统计回归模型

水电工程安全监测统计回归模型理论和方法研究相对较成熟，其中以环境量作为自变量，效应量作为因变量，采用数理统计方法建立效应量与环境量之间的相关关系，构成的统计回归模型是应用最广泛的模型。

统计回归模型中较常用的是逐步回归模型，按自变量与因变量相关显著程度，按由大到小的顺序逐一引入回归方程，构建只包含显著因子，不包含非显著因子，且方程的剩余平方或标准差较小的最佳回归方程。

1. 法方程式的构建

为提高计算精度，用二次均值算法代替一次均值算法，用标准化的相关矩阵 r_{ij} 代替 S_{ij}，扩展成（$k+1$）阶矩阵，即

$$
\begin{bmatrix}
S_{11} & S_{12} & \cdots & S_{1k} & S_{1n} \\
S_{21} & S_{22} & \cdots & S_{2k} & S_{2n} \\
\vdots & \vdots & \ddots & \vdots & \vdots \\
S_{k1} & S_{k2} & \cdots & S_{kk} & S_{kn} \\
S_{n1} & S_{n2} & \cdots & S_{nk} & S_{nn}
\end{bmatrix}
\rightarrow
\begin{bmatrix}
r_{11} & r_{12} & \cdots & r_{1k} & r_{1n} \\
r_{21} & r_{22} & \cdots & r_{2k} & r_{2n} \\
\vdots & \vdots & \ddots & \vdots & \vdots \\
r_{k1} & r_{k2} & \cdots & r_{kk} & r_{kn} \\
r_{n1} & r_{n2} & \cdots & r_{nk} & r_{nn}
\end{bmatrix}
$$

其中

$$
r_{ij} = \frac{S_{ij}}{\sqrt{S_{ii}}\sqrt{S_{jj}}}
$$

标准化的法方程式为

$$
\begin{bmatrix}
r_{11} & r_{12} & \cdots & r_{1k} \\
r_{21} & r_{22} & \cdots & r_{2k} \\
\vdots & \vdots & \ddots & \vdots \\
r_{k1} & r_{k2} & \cdots & r_{kk}
\end{bmatrix}
\cdot
\begin{bmatrix}
b'_1 \\
b'_2 \\
\vdots \\
b'_k
\end{bmatrix}
=
\begin{bmatrix}
r_{1y} \\
r_{2y} \\
\vdots \\
r_{ky}
\end{bmatrix}
\tag{4.1}
$$

其中

$$
b'_i = b_i \sqrt{\frac{S_{ij}}{S_{yy}}} \quad (i=1,2,\cdots,k)
$$

2. 因子筛选和消元变换

逐步回归分析中，为使回归方程中尽可能包含较多的影响因子，首先选择对 y 作用最显著的因子引入回归方程置于因子集合 $G(0)$ 与 $G(1)$ 中，再按先剔后引的原则首先剔除在当时回归方程中不显著的因子，然后引入当时回归方程以外对 y 作用显著的因子进入回归方程。引入和剔除因子时都要进行 F 检验，即当被引入因子的 F 检验值大于引入 F 检验临界值 F_1 时，因子才被引入回归方程；当已引因子的剔除 F 检验值小于等于因子剔除 F 检验临界值 F_2 时，因子才被剔除出回归方程。在实际计算时，常将 F_1 和 F_2 取为常数，且令 $F_1 = F_2$，一般为 2~4，最小可取 1 左右，最大可取 10 以上。F_1 和 F_2 取值越小，回归方程中入选因子可能越多。具体步骤如下：

（1）相关矩阵变换。通过变换 D_m 将相关矩阵 $R^{(m-1)}$ 变换成相关矩阵 $R^{(m)}$，为

$$
R^{(m-1)} =
\begin{bmatrix}
r_{11}^{m-1} & r_{12}^{m-1} & \cdots & r_{1k}^{m-1} & r_{1n}^{m-1} \\
r_{21}^{m-1} & r_{22}^{m-1} & \cdots & r_{2k}^{m-1} & r_{2n}^{m-1} \\
\vdots & \vdots & \ddots & \vdots & \vdots \\
r_{k1}^{m-1} & r_{k2}^{m-1} & \cdots & r_{kk}^{m-1} & r_{kn}^{m-1} \\
r_{n1}^{m-1} & r_{n2}^{m-1} & \cdots & r_{nk}^{m-1} & r_{nn}^{m-1}
\end{bmatrix}
D_m
\tag{4.2}
$$

$$R^{(m)} = \begin{bmatrix} r_{11}^{(m)} & r_{12}^{(m)} & \cdots & r_{1k}^{(m)} & r_{1n}^{(m)} \\ r_{21}^{(m)} & r_{22}^{(m)} & \cdots & r_{2k}^{(m)} & r_{2n}^{(m)} \\ \vdots & \vdots & \ddots & \vdots & \vdots \\ r_{k1}^{(m)} & r_{k2}^{(m)} & \cdots & r_{kk}^{(m)} & r_{kn}^{(m)} \\ r_{n1}^{(m)} & r_{n2}^{(m)} & \cdots & r_{nk}^{(m)} & r_{nn}^{(m)} \end{bmatrix} \tag{4.3}$$

D_m 变换式的形式为

$$D_m = \begin{cases} r_{kj}^{(m)} = r_{kj}^{(m-1)} - r_{kk_m}^{(m-1)} r_{k_mj}^{(m-1)} / r_{k_mk_m}^{(m-1)} \ (k \neq k_m, j \neq k_m) \\ r_{kk_m}^{(m)} = -r_{kk_m}^{(m-1)} / r_{k_mk_m}^{(m-1)} \ (k \neq k_m) \\ r_{k_mj}^{(m)} = r_{k_mj}^{(m-1)} / r_{k_mk_m}^{(m-1)} \ (j \neq k_m) \\ r_{k_mk_m}^{(m)} = 1 / r_{k_mk_m}^{(m-1)} \ (k = k_m, j = k_m) \end{cases} \tag{4.4}$$

（2）剔除因子 X'_{k_m} 的检验。从第 m 步回归方程中的因子里，选择偏回归平方和最小的因子 X'_{k_m} 保留在回归方程中。偏回归平方和 $Q_j^{(m)}$ 按式（4.5）计算。

$$Q_j^{(m)} = \begin{cases} -V_j^{(m)} \sigma_n^2 & [j \in G^{(m)}] \\ V_j^{(m)} \sigma_n^2 & [j \in G^{(m)}] \end{cases} \tag{4.5}$$

式中：$V_j^{(m)} = r_{nj}^{(m)} r_{jn}^{(m)} / r_{jj}^{(m)}$，$[j \in G^{(m)}]$；$r_{nj}^{(m)}$、$r_{jn}^{(m)}$ 和 $r_{jj}^{(m)}$ 为第 m 步 $R^{(m)}$ 中的元素。

（3）引入因子 X_{km+1} 的检验。在第 m 步回归方程以外的因子中，选择对 y 作用最显著的因子，即其偏回归平方和最大的因子：

$$V_{k_n+1}^{(m)} = \max_{j \in G^{(m)}} V_j^{(m)} \tag{4.6}$$

则按式（4.6）计算 X_{km+1} 的 F 统计值，若 $F_{1,km+1} > F_1$ 时，引入 X_{km+1} 因子；否则不引入。

$$F_{1,km+1} = V_{km+1}^{(m)} (N-m-1) / [r_{nn}^{(m)} - V_{km+1}^{(m)}] \tag{4.7}$$

3. 回归系数、复相关系数和剩余标准差计算

第 m 步的回归方程为

$$y = b_0^{(m)} + b_{k1}^{(m)} X_{k1} + \cdots + b_{km}^m X_{km} \tag{4.8}$$

其中　$b_{kj}^{(m)} = r_{kn}^{(m)} S_{nn} / S_{kj}$ $(j=1,2,\cdots,m)$；　$b_0^{(m)} = \overline{y} - \sum_{j=1}^{m} b_{kj}^{(m)} x_{kj}^{(m)}$

复相关系数为

$$R_y^{(m)} = \sqrt{1 - r_{nn}^{(m)}} \tag{4.9}$$

剩余标准差为

$$S_y^{(m)} = S_{nn} \sqrt{r_{nn}^{(m)} / (N-m-1)} \tag{4.10}$$

4.3.2.2 稳健回归模型

最小二乘法的基本出发点是使模型计算值尽量拟合于实测值，使式（4.11）的离差平方和达到极小。当监测数据服从正态分布时，求解的系数具有方差最小且无偏的统计特性。

$$R[\beta(a,b_1,b_2,\cdots,b_k)] = \sum_{i=1}^{n}\left[Y_i - a - \sum_{i=1}^{k}b_i X_i\right]^2 = \sum_{i=1}^{n}e_i^2 \quad (4.11)$$

式中：e_i 为残差；$R[\cdot]$ 为残差的离差平方和函数；β 为由常数项 a 和各环境因子系数 b_1，b_2，$\cdots$，b_k 构成的系数向量；Y_i 和 X_i 分别为历史测值及其环境因子向量。

当监测数据序列中有异常点时，式（4.11）中每项所占的比例是不相同的，误差大的项在式中的取值偏大，所占的比例就大，因而经典最小二乘估计的回归线就会被拉向跳动点，求解的回归模型系数仍然是系数的无偏估计，但不再是最小方差线性无偏估计。

稳健估计可以充分利用监测数据的有效信息，排除有害信息，使参数估计值尽可能地避免异常值的影响，得到正常模式下的最佳估计。在鲁棒性和抵抗性的理论研究中，Huber（1973）提出的 M 估计是较为简便实用的方法，该方法主要采用迭代加权最小二乘估计回归系数，通过前一次回归残差确定各监测序列数据权重。系数向量估计的目标函数见式（4.12）。

$$Q(\beta) = \sum_{i=1}^{n}\rho\left(\frac{e_i}{\theta}\right) \quad (4.12)$$

式中：e_i 为残差，$e_i = Y_i - X_i\beta$；ρ 为影响函数即目标函数；θ 为残差的某一尺度估计；其他符号意义同前。

引入权函数，定义为

$$\omega(u) = \frac{\psi(u)}{u} \quad (4.13)$$

式中：u 为自变量；$\omega(\cdot)$ 为权函数。

Q 对 β 求偏导且令导数为 0，有

$$\sum_{i=1}^{n}\psi\left(\frac{e_i}{\theta}\right)X_i = 0 \quad (4.14)$$

式中：$\psi(\cdot)$ 为目标函数 ρ 的导函数。

令 $u_i = e_i/\theta$ 代入权函数可以得到

$$\sum_{i=1}^{n}\psi\left(\frac{e_i}{\theta}\right)X_i = \sum_{i=1}^{n}\frac{\psi(u_i)}{u_i}u_i X_i = \sum_{i=1}^{n}\omega(u_i)u_i X_i = 0 \quad (4.15)$$

向量化之后即有

$$X^{\mathrm{T}}Wu = X^{\mathrm{T}}We = X^{\mathrm{T}}W(Y - X\beta) = 0 \quad (4.16)$$

所以系数向量 $\hat{\beta}_M$ 的估计值为

$$\hat{\beta}_M = (X^{\mathrm{T}}WX)^{-1}X^{\mathrm{T}}WY \tag{4.17}$$

式中：W 为等价权矩阵，与权函数的选取密切相关，Huber（1972）、Andrews（1972）、Hampel（1974）和 Tukey（1977）等均提出了不同的函数形式，见表4.1 和图 4.15。

表 4.1 M 估 计 常 用 函 数

M 估计	目 标 函 数	权 重 函 数
Huber	$\rho(u)=\begin{cases}\dfrac{1}{2}u^2,\|u\|\leqslant k\\[2mm] k\|u\|-\dfrac{1}{2}k^2,\|u\|>k\end{cases}$	$\omega(u)=\begin{cases}1,\|u\|\leqslant k\\[2mm]\dfrac{k\,\mathrm{sgn}u}{u},\|u\|>k\end{cases}$
Andrews	$\rho(u)=\begin{cases}\dfrac{1}{\pi^2}(1-\cos\pi u),\|u\|\leqslant 1\\[2mm]\dfrac{2}{\pi^2},\|u\|>1\end{cases}$	$\omega(u)=\begin{cases}\dfrac{\sin\pi u}{\pi u},\|u\|\leqslant 1\\[2mm]0,\|u\|>1\end{cases}$
Hampel	$\rho(u)=\begin{cases}\dfrac{1}{2}u^2,\|u\|\leqslant a\\[2mm]a\|u\|-\dfrac{1}{2}a^2,a<\|u\|\leqslant b\\[2mm]ab-\dfrac{1}{2}a^2+(c-b)\dfrac{a}{2}\left[1-\left(\dfrac{c-\|u\|}{a-b}\right)^2\right],b<\|u\|\leqslant c\\[2mm]ab-\dfrac{1}{2}a^2+(c-b)\dfrac{a}{2},\|u\|>c\end{cases}$	$\omega(u)=\begin{cases}1,\|u\|\leqslant a\\[2mm]\dfrac{a\,\mathrm{sgn}u}{u},a<\|u\|\leqslant b\\[2mm]a\,\dfrac{c-\|u\|}{c-b}\dfrac{\mathrm{sgn}u}{u},b<\|u\|\leqslant c\\[2mm]0,\|u\|>c\end{cases}$
Tukey	$\rho(u)=\begin{cases}\dfrac{1}{6}\left[1-(1-u^2)^3\right],\|u\|\leqslant 1\\[2mm]\dfrac{1}{6},\|u\|>1\end{cases}$	$\omega(u)=\begin{cases}(1-u^2)^2,\|u\|\leqslant 1\\[2mm]0,\|u\|>1\end{cases}$

注 Huber 函数中的 k 和 Hampel 函数中的 a、b、c 为细调常数，决定估计量的性质。

在上述权函数中，Huber 估计量最接近于样本平均数的估计量，其稳健性最差；Hampel 回降估计量目标函数的导函数具有上升、水平、下降部分比例可变的较为复杂情况，在实际工程中应用较少；Andrews 正弦波和 Tukey 双权估计量有固定的比例，将测值区间分为淘汰区和有用区，被广泛应用于各领域，但由于 Tukey 双权估计量目标函数的导函数比正弦波伸展更远一些，因此是目前最常使用的 M 估计量。本书采用 Tukey 双权估计函数，其目标函数和权函数如图 4.16 所示。从图 4.16 可看出，其将测值区间分为淘汰区和有用区，根据测值距离其序列中心的远近赋予不同的权重，距离越近，权重越高，距离越远则权重越低，对于离群值只赋予很小甚至是零的权重，即伸展较远且回降至零权，从而可降低离群点对统计估计的不利影响，提高稳定性和耐抗性。

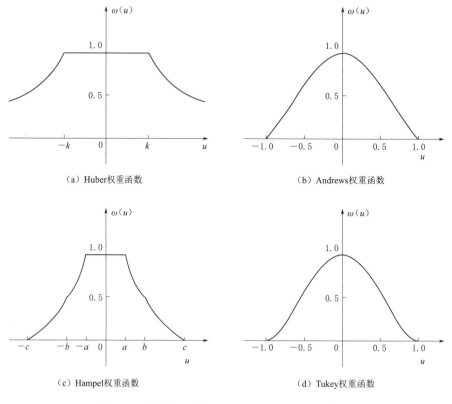

（a）Huber权重函数　　　　　　　　（b）Andrews权重函数

（c）Hampel权重函数　　　　　　　　（d）Tukey权重函数

图 4.15　典型权函数（k、a、b、c 均为细调参数）

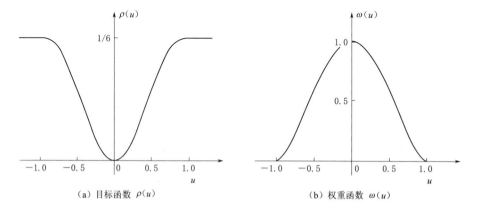

（a）目标函数 $\rho(u)$　　　　　　　　（b）权重函数 $\omega(u)$

图 4.16　Tukey 双权估计量目标函数与权重函数

4.3.2.3 卷积神经网络模型

正常型序列规律性较强,采用传统统计回归模型能取得较好的拟合效果,但拟合线与原数据之间仍有一定的差距,在不规则数据部位拟合残差较大,如图 4.17 所示,使得标准差偏大,基于残差序列计算的阈值偏大,导致一些突变较小的测值漏判。而稳健回归模型虽对含有较多离群值序列的双台阶型和震荡型序列识别效果较好,但稳健估计法抵抗离群测值的能力是有限的,当离群比例接近或超过稳健估计量的崩溃界(50%)时同样会失效,如图 4.18 所示。因此,可构建卷积神经网络模型以进一步提高模型精度。

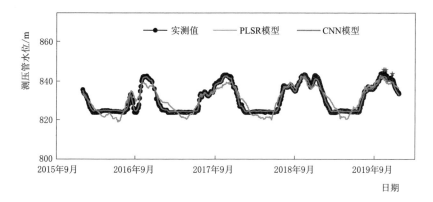

图 4.17　统计回归模型与卷积神经网络模型拟合效果对比

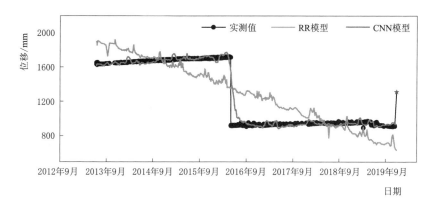

图 4.18　稳健回归模型与卷积神经网络模型拟合效果对比

对于任意一个测点 i,已知其在过去 n 个时刻的历时测值序列 $Y_i = [v_i(t_1), v_i(t_2), \cdots, v_i(t_n)]^{\mathrm{T}}$ 和历史环境量因子(水位、温度、降雨等)矩阵 $X_{n \times k}$。以此 n 个时刻的〈历史环境量因子矩阵 $X_{n \times k}$,历时测值序列 Y_i〉作为训练样本,其中将测点 i 的历史环境量因子矩阵 $X_{n \times k}$ 作为输入样本,历时测值序列 Y_i 作为输出样本，建立它们之间的非线性关系式，从而构建卷积神经网络模型，其具体步骤如下：

（1）对输入样本 $X_{n \times k}$ 和输入样本 Y_i 作归一化处理。考虑到不同监测项目量纲差异较大会导致网络收敛慢、训练时间长，因此对输入与输出样本均进行归一化处理，使得所有样本在 $[0, 1]$ 的范围内，有利于提高模型训练速度，各测点测值及环境量因子的最值归一化公式为

$$x^* = \frac{x - \min}{\max - \min} \tag{4.18}$$

式中：$\min$ 为单个监测序列最小值；$\max$ 为单个监测序列最大值；x 为序列中任一测值；x^* 为归一化后的任一测值。

（2）将归一化后的数据作为 CNN 卷积神经网络的输入和输出样本，输入样本形状设置为 $k \times 1$，输出节点数设为 1。训练过程中采用均方误差（MSE）作为损失函数衡量网络计算的预测值 $\hat{y}_i$ 和期望值 y_i 之间的误差，为

$$\text{MSE} = \frac{1}{n} \sum_i^n (y_i - \hat{y}_i)^2 \tag{4.19}$$

根据模型多次调参和训练结果调整卷积＋池化层的层数及卷积核大小，可选用 8 层 1D 卷积层来提取特征，每两层 1D 卷积层后添加一层最大池化层来保留主要特征，每层采用 ReLU 作为激活函数。

（3）训练卷积神经网络模型，其过程为：初始化权重和阈值——利用初始权值和归一化后的样本计算各层的输出值——计算 CNN 卷积神经网络的输出层误差——反向计算各层误差并采用 Adam 优化算法调整更新各层权值——判断模型误差是否满足阈值要求，从而重复上述步骤或结束训练，如图 4.19 所示。

（4）采用上述训练好的 CNN 卷积神经网络模型，建立测点 i 的历时测值序列 Y_i 与环境量因子 $X_{n \times k}$ 的非线性关系，为

$$X_{n \times k} = \begin{bmatrix} H_i(t_1) & P_i(t_1) & T_i(t_1) & \theta_i(t_1) \\ H_i(t_2) & P_i(t_2) & T_i(t_2) & \theta_i(t_2) \\ \vdots & \vdots & \vdots & \vdots \\ H_i(t_n) & P_i(t_n) & T_i(t_n) & \theta_i(t_n) \end{bmatrix} \tag{4.20}$$

$$Y_i = f(X_{n \times k})$$

已知测点 i 在未来某 $n+t$ 时刻的环境量因子值，按式（4.18）进行归一化处理后代入式（4.20）中，则可得式（4.21），将该式反归一化处理后，即可得出 $n+t$ 时刻，任一测点 i 的预测值 $\hat{y}_{i, n+t}$。

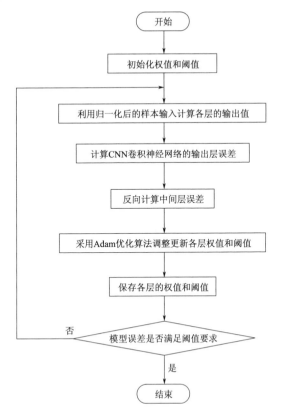

图 4.19 卷积神经网络模型训练流程

$$y_{i,n+t}=f(X_{1\times k,n+t}),X_{1\times k,n+t}$$
$$=[H_i(t_{n+t}),P_i(t_{n+t}),T_i(t_{n+t}),\theta(t_{n+t})] \tag{4.21}$$

4.3.3 监测数据异常识别准则设置

4.3.3.1 Pauta 准则

数据异常识别多采用 Pauta 准则设置阈值进行判断，即根据随机误差的分布特性，实测值 Y_0 与模型预测值 $\hat{Y}_0$ 的偏差 e_0 有 99.7% 的可能在"3S"（S 为剩余标准差）范围以内，仅有 0.3% 的可能超过"3S"。因此，通常用"3S"作为界定的标准，为

$$|e_0|\leqslant 3S,\ S=\sqrt{\frac{\sum_{i=1}^{n}[Y(i)-\hat{Y}(i)]^2}{n-k-1}} \tag{4.22}$$

如果预测值与实测值的偏差在"3S"范围以内，则认为实测值是在合理误差范围内的正常值，如果预测值与实测值的偏差超过了"3S"，则将实际测值

$\hat{Y}_0$ 判定为异常值。

采用 Pauta 准则识别粗差的前提条件是测值序列服从正态分布 $N(\mu, \sigma^2)$，但大坝安全监测数据常会由于监测仪器故障、外界环境因素扰动而导致监测序列中存在离群点，从而导致监测数据序列偏离 Pauta 准则关于正态分布的假定，出现异常值漏判问题。工程应用表明，Pauta 准则对正态分布的样本识别精度较高，如图 4.20（a）所示，但对测值序列存在台阶性、震荡型等离群数据时易发生异常值漏判的现象，如图 4.20（b）所示，且对小量值测值数据易出现正常值误判现象，如图 4.20（c）所示。

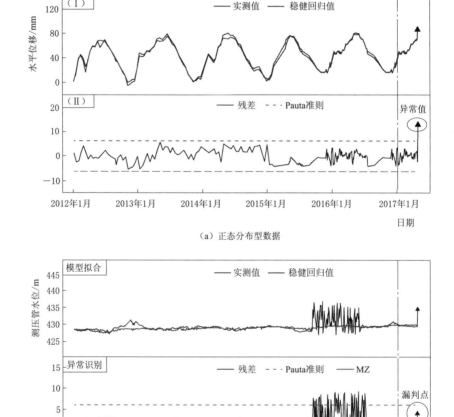

（a）正态分布型数据

（b）震荡型数据

图 4.20（一） Pauta 准则异常测值识别典型效果图

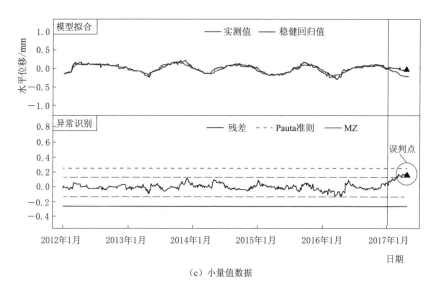

（c）小量值数据

图 4.20（二）　Pauta 准则异常测值识别典型效果图

4.3.3.2　稳健识别准则

针对 Pauta 准则对台阶型、震荡型及小量值数据序列易出现的误判漏判问题，本书提出异常测值稳健识别准则（简称 MZ 准则），即基于稳健回归模型，采用基于位置 M 估计量的尺度估计量 S_T 代替剩余标准差 S 以消减离群点的不利影响，同时引入预测值置信区间半径 D 以降低拟合模型误差的不利影响，构造控制函数为

$$|e_0| \leqslant 3S_T + D \tag{4.23}$$

1. 基于位置 M 估计量的尺度估计量 S_T

同标准差和剩余标准差一样，基于位置 M 估计量的尺度估计量 S_T 是数据分布离中趋势的加权估计量，根据样本距离中心的远近赋予其不同的权重，以使之具有较强抵抗离群点的能力，若无离群点时其值接近标准差，计算公式为

$$S_T = \frac{(c\text{MAD}) n^{1/2} \left[\sum_{i=1}^{n} \psi^2(u_i) \right]^{1/2}}{\left| \sum_{i=1}^{n} \psi'(u_i) \right|} \tag{4.24}$$

$$u_i = \frac{x_i - T_n}{c\text{MAD}} \tag{4.25}$$

$$T_n = \frac{\sum\limits_{i=1}^{n} x_i \omega\left(\dfrac{x_i - T_n}{cS_n}\right)}{\sum\limits_{i=1}^{n} \omega\left(\dfrac{x_i - T_n}{cS_n}\right)} \tag{4.26}$$

$$\text{MAD} = \text{median}_i\{|x_i - M|\} \tag{4.27}$$

式中：x_i 为监测数据序列；T_n 为基于 M 估计的位置估计；u_i 为标准化变量，可保证变量位置和尺度的同变性；n 为样本个数；$\omega(\cdot)$ 为权重函数，同稳健回归一样选取 Tukey 双权函数；$\psi(\cdot)$ 为目标函数的导函数；$\psi'(\cdot)$ 为 ψ 函数的导函数；c 为细调常数，对于双权函数取 4.685；S_n 为辅助尺度估计通常取中位数离差 MAD，即各个观测量到中位数 M 的距离的中位数。

2. 预测值置信区间半径 D

预测值置信区间是以一定概率水平（置信水平）包含样本估计值的中心区间，展现实测值 Y_0 落在预测值周围的概率程度。基于稳健回归法的置信区间计算公式推导如下：

（1）残差加权。假设加权后的随机误差项 $\omega\varepsilon$ 和残差序列 ωe 服从正态分布，即 $\omega e \sim N'(0, S_T)$ 和 $\omega e \sim N'(0, \sigma_\varepsilon^2)$，则对于实时的加权残差 $\omega_0 e_0$ 有

$$E(\omega_0 e_0) = E[\omega_0(X_0\beta + \varepsilon_0 - X_0\hat{\beta})] = E\{\omega_0[\varepsilon_0 - X_0(\hat{\beta} - \beta)]\}$$
$$= E\{\omega_0[\varepsilon_0 - X_0(X'WX)^{-1}X'W\varepsilon]\} = 0 \tag{4.28}$$

$$\text{Var}(\omega_0 e_0) = E(\omega_0^2 e_0^2) = E\{\omega_0[\varepsilon_0 - X_0(X'WX)^{-1}X'W\varepsilon]^2\}$$
$$= E(\omega_0^2\varepsilon_0^2) - 2E(\omega_0\varepsilon_0)E[\omega_0 X_0(X'WX)^{-1}X'W\varepsilon]$$
$$+ E\{\omega_0 X_0(X'WX)^{-1}X'W\varepsilon\varepsilon'W'X[(X'WX)^{-1}]'(\omega_0 X_0)'\}$$
$$= \sigma_\varepsilon^2[1 + (\omega_0 X_0)(X'WX)^{-1}X'X(X'WX)^{-1}(\omega_0 X_0)'] \tag{4.29}$$

$$\omega_0 = \begin{cases} (1-u_0^2)^2, & |u_0| \leqslant 1 \\ 0, & |u_0| > 1 \end{cases}, \quad u_0 = \frac{0.6745 e_0}{\text{median}\{|Y_i - X_i\hat{\beta}_M|, i=1,2,\cdots,n\}} \tag{4.30}$$

式中：ω_0 为实时数据计算的权重，采用 Tukey 双权估计权函数形式的权重函数计算式（4.30）；e_0 为实时模型预测误差；ε_0 为实时数据的随机误差。

$\omega_0 e_0 \sim N'\{0, \sigma_\varepsilon^2[1 + (\omega_0 X_0)(X'WX)^{-1}X'X(X'WX)^{-1}(\omega_0 X_0)']\}$ 服从正态分布。采用基于位置 M 估计量的尺度估计量 S_T 代替随机误差项的标准差 σ_ε，则 $\omega_0 e_0$ 的方差估计量为

$$\hat{\sigma}_{\omega_0 e_0}^2 = S_T^2[1 + (\omega_0 X_0)(X'WX)^{-1}X'X(X'WX)^{-1}(\omega_0 X_0)'] \tag{4.31}$$

（2）t' 统计量。多元线性回归解释变量的显著性通常通过构造 t' 统计量来估

计的，因此预测值的区间估计也采用 t' 统计量构造为

$$t' = \frac{Y_0 - \hat{Y}_0}{\hat{\sigma}_{\omega_0 e_0}} \sim t'(n-k-1) \tag{4.32}$$

于是，在给定 $1-\alpha$ 置信水平下 Y_0 的置信区间为

$$\hat{Y}_0 - t'_{\alpha/2} \times \hat{\sigma}_{\omega_0 e_0} < Y_0 < \hat{Y}_0 + t'_{\alpha/2} \times \hat{\sigma}_{\omega_0 e_0} \tag{4.33}$$

式中：$t'_{\alpha/2}$ 为 T 分布在 $1-\alpha$ 置信水平下对应概率的分位点，正态分布 $\pm 3\sigma$ 范围内的概率选取置信水平为 99.7%。

（3）置信区间半径 D。预测值的总体真实值 Y_0 是处于以预测值 $\hat{Y}_0$ 的样本估计值为中心的区间（置信区间），它以一定的概率水平（置信水平）包含该估计值，即真实值 Y_0 以某一置信水平位于 $(\hat{Y}_0 - D, \hat{Y}_0 + D)$ 中。置信区间半径 D 为

$$D = t'_{\alpha/2} \hat{\sigma}_{\omega_0 e_0}$$

$$= t'_{\alpha/2} S_T \sqrt{[1 + (\omega_0 X_0)(X'WX)^{-1}X'X(X'WX)^{-1}(\omega_0 X_0)']} \tag{4.34}$$

4.3.4　监测数据异常识别模型匹配准则

大坝安全监测涉及仪器众多，监测环境复杂，测值类型众多，单一的异常识别技术及统一的检验标准无法适应大坝监测异常值识别工作。数据异常智能识别应首先构建包括统计回归、稳健回归、卷积神经网络等算法模型库和包括 Pauta 准则、稳健识别准则等评判准则库，再根据测点类型、埋设部位、结构特征进行模型因子智能匹配，最后根据测值数据类型选择最合适的模型算法和最可靠的评判准则进行异常识别。数据异常智能识别应考虑结构性态不断变化的特性，具有自学习功能，能不断更新和修正识别模型和评判准则，适用于正常型、多点离群型、双台阶型、单台阶型和震荡型等大坝安全监测中常见的各种数据类型，能大幅度减小异常值的漏判、误判现象，且计算效率较高。

模型算法的精度与异常识别的准确性息息相关，当拟合线与原数据差距较大时，残差序列值偏大，从而造成准则设置阈值偏大，导致一些突变较小的测值漏判；同时由于各评判准则设置采用的控制函数不同，对不同序列的测值变动接受域也不同，如果序列不满足方法的基本假定和使用条件，强行使用也会严重影响异常识别的准确率，易出现异常值漏判或正常值误判现象。因此，综合考虑数据分布形态、系列有效长度等因素，统计回归模型、稳健回归模型和卷积神经网络模型及 Pauta 准则、稳健识别准则的应用效果和特点对比见表 4.2。

表 4.2　　　　　　　　算法模型及预警准则应用对比分析

模型准则	对比方面				
	适用性	操作性	严苛程度	计算效率	准确性
统计回归模型＋Pauta 准则	序列服从正态分布误差独立随机	较容易	易漏判离群型数据异常值	耗时较长	对规律性较好的数据序列精度较高
稳健回归模型＋稳健识别准则	正常型序列双台阶型序列震荡型序列	最复杂	易漏判突跳幅度较小的测值	耗时最长	能精准识别双台阶型和震荡型序列中的异常值
卷积神经网络模型＋Pauta 准则	模型拟合精度较低的正常型序列和单台阶型序列	容易	控制限较严苛，能识别一些突变幅度较小的测值	耗时较短	易出现误判问题

综合考虑识别精度和计算效率，建立"数据类型—模型算法—预警准则"匹配规则如下：模型拟合精度较高的正常型序列、单点/多点离群型序列采用基于最小二乘的统计回归模型和 Pauta 准则；模型拟合精度较低的正常型序列和单台阶型序列匹配 CNN 模型和 Pauta 准则；双台阶型和震荡型序列匹配稳健回归模型和 MZ 准则，数据异常识别流程如图 4.21 所示。

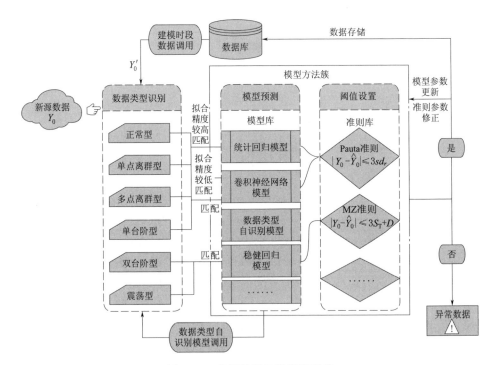

图 4.21　监测数据异常识别流程

4.4 监测数据异变诱因辨识方法

4.4.1 量测误差消减
4.4.1.1 总体架构

监测数据异常识别可有效识别出突变离群值，但这些突变值可能是测量误差造成的，如单次数据采集过程中受人为失误、温度和湿度等不稳定随机因素影响形成的偶然误差，以及仪器故障形成的错误测值等。因此，实时数据一旦经异常识别模块识别为突变值，则进阶触发测量误差消减模块，判别该突变是否属真正的结构响应，以降低误警率。测量误差种类较多，本书重点针对单次偶然误差和仪器故障误差两类。

1. 单次偶然误差

受读数偏差、记录失误和不利气象条件等因素影响，人工监测或自动化监测均可能出现单次偶然误差。为消减该类误差，突变测值在线识别后自动触发远程复测校验，即在远程驱动、信息传输、对比分析等技术的支持下，自动匹配相应测点后连续三次重新采集数据，若复测值经异常在线识别为正常测值，则判断其系单次偶然误差引发的突变，并以复测值的平均值替换原测值后存入数据库，否则进阶触发仪器故障排除，其流程如图4.22所示。

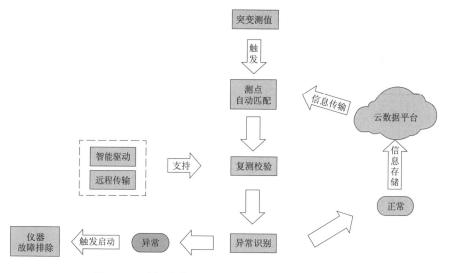

图4.22 大坝安全监测数据单次偶然误差消减流程

2. 仪器故障误差

对大坝安全监测效应量而言，同类、同部位测点测值应具有明显的同步性和相关性，因此可构建具有较高精度的时空模型，从把控大坝整体变形性态和趋势的角度出发，采用时空关联辨识消减因系统测值异常诱发的单测点异常突变。

远程智能复测消除单次偶然误差影响后，异常测值自动触发时空关联分析，即根据测点特性、布置情况等自动匹配空间测点，若同类测点异常比例过高，则驱动监测系统运行状态校核，若系统运行正常则进阶触发环境响应辨识；若仅为单测点异常，则选择调用模型库中适宜高精度空间模型，计算该异常测点的空间预测值，若空间预测值经异常在线识别为正常测值，则判断其系单测点仪器故障引发的突变，并驱动对应监测仪器的状态校核，否则进阶触发环境响应辨识，其流程如图 4.23 所示。

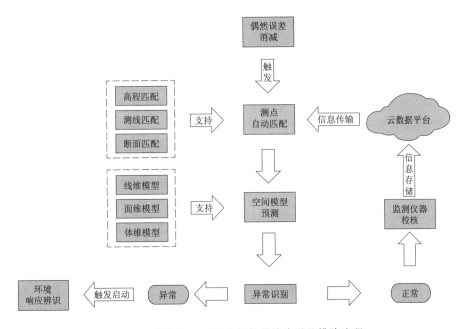

图 4.23　大坝安全监测数据仪器故障误差排除流程

4.4.1.2　空间模型构建

高精度空间模型构建是量测误差消减的核心技术问题。空间模型构建应结合工程特点及监测仪器布置情况，可按典型断面、典型坝段构建空间预测模型，如重力坝变形与挠度、土石坝变形与渗流等平面与空间模型。自 20 世纪 60 年代空间信息技术逐渐发展以来，国内外学者对大坝安全监测空间模型展开了大量研究，泰森多边形、反距离权重、克里金等算法相继引入到空间模型构建中，其中考虑测点几何位置和重要环境因子影响的协同克里金空间模型是目前较为理想的一种空间模型，具有较高的精度，可实现大坝安全监测数据向大坝空间全域拓展。

1. 模型构建原理

协同克里金插值是一种经过改进的克里金插值计算方法，它通过引入一个或多个与主变量之间有着密切关联的协同变量（也可以简称为辅助变量），利用主变量和协同变量之间的相互关系来大大提高插值的准确性。该方法以一种协同区域化变量的理论作为基础，以此为依据进行空间插值，协同克里金插值公式为

$$Z_0^* = \sum_{i=1}^n \lambda_i Z_i + \sum_{j=1}^k \sum_{i=1}^n \mu_{ji} Y_{ji} \tag{4.35}$$

式中：$Z_1, Z_2, \cdots, Z_n$、$Y_{j1}, Y_{j2}, \cdots, Y_{jn}$ 分别为主变量和协同变量的 n 个样本数据；j 为协同变量的个数；$\lambda_1, \lambda_2, \cdots, \lambda_n$、$\mu_{j1}, \mu_{j2}, \cdots, \mu_{jn}$ 分别为待确定的协同克里金加权系数；Z_0^* 为随机变量在 0 处的修复值。

这里以二阶为例，若研究一个区域内有两个与该属性相关的区域化值 $Z_i(x)$、$Y_i(x)$（$i = 1, 2, \cdots, n$），则 $Z_0^* = \sum_{i=1}^n \lambda_i Z_i + \sum_{i=1}^n \mu_i Y_i$，为了满足估计量无偏的条件，主变量的权重之和应等于 1，协变量的权重之和应等于 0，为

$$\begin{cases} \sum_{i=1}^n \lambda_i = 1 \\ \sum_{i=1}^n \mu_i = 0 \end{cases} \tag{4.36}$$

根据估计值的不可逆偏性，采用拉格朗日乘法求解得到协同克里金的方程为

$$\begin{cases} \sum_{j=1}^n \lambda_j C_{Z_i Z_j} + \sum_{j=1}^m \mu_j C_{Z_i Y} - \eta_1 = C_{Z_0 Z_i} \\ \sum_{i=1}^n \mu_i C_{Y_i Y_j} + \sum_{i=1}^m \lambda_i C_{Z_i Y_j} - \eta_2 = C_{Z_0 Y_j} \\ \sum_{i=1}^n \lambda_i = 1 \\ \sum_{i=1}^n \mu_i = 0 \end{cases} \tag{4.37}$$

其用矩阵形式表达为

$$
\begin{bmatrix}
C_{Z_0Y_m} & \cdots & C_{Z_1Z_n} & C_{Z_1Y} & \cdots & C_{Z_1Y_m} & 1 & 0 \\
\vdots & \ddots & \vdots & \vdots & \ddots & \vdots & \vdots & \vdots \\
C_{Z_nZ_1} & \cdots & C_{Z_nZ_n} & C_{Z_nY_1} & \cdots & C_{Z_nY_m} & 1 & 0 \\
C_{Y_1Z_1} & \cdots & C_{YZ_n} & C_{Y_1Y_1} & \cdots & C_{Y_1Y_m} & 0 & 1 \\
\vdots & \ddots & \vdots & \vdots & \ddots & \vdots & \vdots & \vdots \\
C_{Y_mZ_1} & \cdots & C_{Y_mZ_n} & C_{Y_mY_1} & \cdots & C_{Y_mY_m} & 0 & 0 \\
1 & \cdots & 1 & 0 & \cdots & 0 & 0 & 0 \\
0 & \cdots & 0 & 1 & \cdots & 1 & 1 & 1
\end{bmatrix}
\begin{bmatrix}
\lambda_1 \\ \vdots \\ \lambda_n \\ \mu_1 \\ \vdots \\ \mu_m \\ -\xi_1 \\ -\xi_2
\end{bmatrix}
=
\begin{bmatrix}
C_{Z_0Z_1} \\ \vdots \\ C_{Z_0Z_n} \\ C_{Z_0Y_1} \\ \vdots \\ C_{Z_0Y_m} \\ 1 \\ 0
\end{bmatrix}
\tag{4.38}
$$

2. 协同克里金空间模型构建步骤

主变量和协变量的合理选择是影响协同克里金空间模型精度的关键。一般地，主变量通常选择效应量，而协变量多选择影响效应量的关键因素，对大坝安全监测而言就是环境影响因子。大坝安全监测协同克里金空间模型首先结合同类监测仪器空间布置特性确定空间模型构建维度，再选择效应量的重要环境量因子作为协同变量，最后通过拟合模型协方差函数，利用空间同类测点的实测值、协变量以及空间位置参数计算数据异常测点的测值。

（1）确定空间模型的构建维度。监测仪器的空间位置通常使用坝轴距、桩号和高程表示，这些位置信息是构建VIP-协同克里金空间模型的重要参数，也是模型进行多维度划分的主要指标。根据同类测点的空间布置特性，一般可考虑构建线维、面维和体维模型。线维模型多沿着一条测线（如坝轴线、廊道等）构建，其主要特点是各测点的位置信息中有两项数值基本一致，即所有测点的高程与坝轴距相同，或高程与桩号相同等。常见的线维模型包括坝顶变形、面板堆石坝的面板接缝监测等。面维模型常结合大坝安全监测典型断面构建，其主要特征是监测项目内所有测点的位置信息中有一项数值基本一致，如监测纵断面中所有仪器的桩号相同，或是监测仪器布置在坝顶或坝基高程相等。常见的面维模型包括土石坝内观变形以及断面基础渗流等。体维模型主要针对整个大坝或坝区的效应量构建，其特点是所有测点的三维信息均不一致，并且也无法按照测线和平面对其进行划分。常见的体维模型包括土石坝外观变形监测、大坝绕坝渗流等。

由于三维空间上的协同克里金插值非常复杂且难以实现，且协方差仅是点间距离的函数，协同克里金法仅适用于二维平面坐标系。因此，体维模型构建时需将监测设备埋设位置的三维空间坐标转化为二维平面坐标即测点投影到模型构建平面上，保持二维化后各测点间距离与原坐标下的距离基本一致。在实际工程中，应根据仪器布置情况选择不同的三维坐标二维化方法，以保证坐标二维化后的模型应用效果。

（2）协变量的选取。主变量与协变量的相关性程度影响协同克里金模型精度，应选择影响程度较高的因子作为协同变量。大坝变形、渗流、应力-应变等效应量的影响因子，常包括库水位、降水、温度和时效等，而协同克里金的协同变量一般至多选取 3 个，且选取的协同变量越多，计算越复杂，耗时也越久，因此选择合适的协同变量是提升协同克里金空间模型的精度和计算效率的关键。

（3）拟合协方差函数。协同克里金法建立在协同区域化变量理论基础上，在多个区域化变量之间采用交叉协方差和交叉半变异函数建模来刻画彼此间的相关性，以得到区域化变量的无偏和最优估计。由于各环境分量对于不同部位效应量造成的影响不尽相同，因此环境量测值并不能直接作为协变量参与模型的构建，应采取非线性拟合的方式，即通过各个测点测值与水位、温度、降水、时效的历时序列，在全局范围内搜索各测点测值关于各环境量最适合的非线性表达式。将待计算时刻环境量的测值代入到两者之间确切的函数关系式中，推测由环境量引起的效应量变化，并将此作为协变量参与计算，即

$$
\begin{bmatrix}
f_1(h) & f_1(t) & f_1(p) & f_1(\theta) \\
f_2(h) & f_2(t) & f_2(p) & f_2(\theta) \\
\vdots & \vdots & \vdots & \vdots \\
f_i(h) & f_i(t) & f_i(p) & f_i(\theta) \\
\vdots & \vdots & \vdots & \vdots \\
f_n(h) & f_n(t) & f_n(p) & f_n(\theta)
\end{bmatrix}
\xrightarrow{\substack{h=h_{k+1},\,t=t_{k+1} \\ p=p_{k+1},\,\theta=\theta_{k+1}}}
$$

$$
\begin{bmatrix}
Y_1(h) & Y_1(t) & Y_1(p) & Y_1(\theta) \\
Y_2(h) & Y_2(t) & Y_2(p) & Y_2(\theta) \\
\vdots & \vdots & \vdots & \vdots \\
Y_i(h) & Y_i(t) & Y_i(p) & Y_i(\theta) \\
\vdots & \vdots & \vdots & \vdots \\
Y_n(h) & Y_n(t) & Y_n(p) & Y_n(\theta)
\end{bmatrix}
\tag{4.39}
$$

式中：h、t、p、θ 分别为水位、温度、降水、时效；$f_i(h)$ 为测点 i 历时测值与水位历时测值最适合的非线性表达式，$f_i(t)$、$f_i(p)$、$f_i(\theta)$ 同理；h_{k+1} 为 $k+1$ 时刻水位测值，t_{k+1}、p_{k+1}、θ_{k+1} 同理；$Y_i(h)$ 为测点 i 在 $k+1$ 时刻的

水位协变量值，$Y_i(t)$、$Y_i(p)$、$Y_i(\theta)$ 同理。

为计算协方差，应选择适当的
函数模型拟合主变量协方差函数、
协同变量协方差函数和交叉协方差
函数。协方差函数及其需要拟合的
参数，如图 4.24 所示。

克里金理论中常用的协方差函
数模型包括指数模型、球状模型和
高斯模型。由于指数模型相比球状
模型的普适性更好，而高斯模型在
某些位置上又可能无法插值，综合

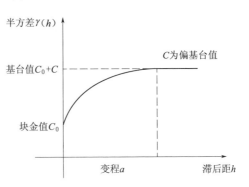

图 4.24　协方差函数图及需要拟合的参数

考虑，选择指数模型进行协同克里金协方差函数的拟合，其函数表达式为

$$\gamma(h)=C_0+C(1-e^{-\frac{h}{a}}) \tag{4.40}$$

式中：C_0 为块金值；C_0+C 为基台值；C 为偏基台值，此处 a 不是变程，因
为当 $h=3a$ 时，有 $1-e^3\approx0.95\approx1$。所以 $\gamma(h)\approx C_0+C$，故其变程为 $3a$。当
$C_0=0$，且 $C=1$ 时，称为标准指数模型。

（4）计算空间预测值。通过指数模型拟合出来的最优主变量、协变量以及
交叉协方差函数，并根据已知的任意两点之间的距离通过式（4.41）来计算其
主变量协方差值、协变量协方差值以及交叉协方差值，再将计算出来的结果代
入到式（4.36）中，求解得出各个完好测点之间相对应的权重和各协变量的权
重为

$$\gamma(h)=\sigma^2-C(h) \tag{4.41}$$

式中：σ^2 为区域 I 内的方差。

最后，利用空间同类完好测点的实测值 $Z_1,Z_2,\cdots,Z_n$ 及权重 $\lambda_1,\lambda_2,\cdots,\lambda_n$、
协变量值 $Y_{j1},Y_{j2},\cdots,Y_{jn}$ 及权重 $\mu_{j1},\mu_{j2},\cdots,\mu_{jn}$，采用式（4.35）即可计算出
待估点处的预测值。

3. 协同克里金空间模型精度校验

为分析验证协同克里金空间模型的合理性和有效性，以面维模型为例，将
其与目前大坝安全监测空间模型构建较常用的反距离权重法、普通克里金模型、
泛克里金模型进行对比。模型精度采用监测效应量中各测点的预测值与实测值
之间的误差进行评价，主要包括单测点误差分析与整体误差分析。单测点误差
分析采用目前最常用交叉的验证法（Cross Validation），即通过依次留下监测效
应量（共 N 个测点）一个测次中每个测点的实测值作为验证集，其余 $N-1$ 个
测点的实测值样本作为训练集得到 N 个空间模型，从而获得监测效应量中所有

测点的交叉验证结果，并对每个测点进行误差分析。整体误差分析通过计算平均绝对误差（MAE）表示各个测次所有测点的交叉验证结果，并对各测次的误差序列进行整体分析。MAE 越低，则整体精度越高。

某面板堆石坝左 0+008.20 断面的 346.00m、379.00m、404.00m 及 445.00m 高程各设置 1 条内部水平位移测线，共计 20 个测点，编号为 EXa1-1～EXa1-2、EXa2-1～EXa2-4、EXa3-1～EXa3-6、EXa4-1～EXa4-8，如图 4.25 所示。

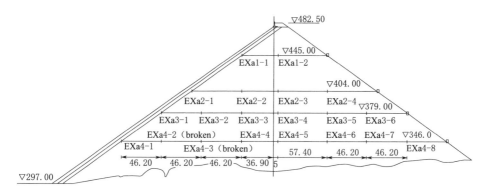

图 4.25　某大坝左 0+008.20 断面水平变形测点监测布置（单位：m）

分析各测点效应量影响因子发现，各测点重要影响因子主要是时效和水位，而温度和降水的影响相对较小，可选取时效和水位作为协同克里金空间模型的协变量。分别采用反距离权重法、普通克里金模型、泛克里金模型、VIP-协同克里金模型对该测线 2020 年 6 月至 2020 年 12 月 7 个测次的数据进行交叉预测，其典型时刻的单测点误差统计见表 4.3；整体误差对比如图 4.26 所示。

表 4.3　　　　　　　　不同模型预测值单测点误差统计

测点编号	实测值/mm	反距离权重法		普通克里金模型		泛克里金模型		VIP-协同克里金模型	
		预测值/mm	相对误差/%	预测值/mm	相对误差/%	预测值/mm	相对误差/%	预测值/mm	相对误差/%
EXa1-1	15.45	7.15	53.73	7.36	52.34	16.02	3.67	15.57	0.80
EXa1-2	11.68	9.24	20.92	9.99	14.51	20.80	78.08	11.85	1.47
EXa2-1	15.93	-3.35	121.02	-2.23	114.00	3.18	80.03	15.76	1.06
EXa2-2	12.47	2.49	80.07	4.10	67.09	6.64	46.74	12.41	0.45
EXa2-3	17.27	4.43	74.35	5.89	65.91	8.81	48.98	17.11	0.91
EXa2-4	12.93	8.26	36.10	8.41	34.93	14.69	13.61	12.91	0.17
EXa3-1	-10.82	3.15	129.15	2.30	121.26	2.37	121.93	-10.86	0.41

97

续表

测点编号	实测值/mm	反距离权重法		普通克里金模型		泛克里金模型		VIP-协同克里金模型	
		预测值/mm	相对误差/%	预测值/mm	相对误差/%	预测值/mm	相对误差/%	预测值/mm	相对误差/%
EXa3-2	−9.86	5.61	156.86	3.09	131.36	0.96	109.69	−9.62	2.47
EXa3-3	−6.13	4.59	174.84	3.11	150.72	2.73	144.57	−6.04	1.43
EXa3-4	1.18	6.25	430.06	5.18	339.19	4.64	293.30	1.47	24.68
EXa3-5	10.87	7.75	28.73	7.50	31.03	7.25	33.34	10.86	0.12
EXa3-6	13.11	6.25	52.32	6.39	51.26	8.98	31.52	13.04	0.56
EXa4-1	−2.57	−1.80	29.90	−3.63	41.37	−27.15	956.58	−2.53	1.54
EXa4-4	−7.93	0.61	107.74	−0.70	91.18	−4.17	47.42	−7.93	0.03
EXa4-5	−6.09	2.97	148.83	2.07	133.96	−4.22	30.64	−6.17	1.36
EXa4-6	3.37	6.71	99.12	5.61	66.55	0.08	97.60	3.50	3.84
EXa4-7	3.59	8.43	134.93	7.76	116.02	3.23	10.09	3.67	2.27
EXa4-8	5.86	7.04	20.20	8.18	39.55	7.09	20.94	5.79	1.27

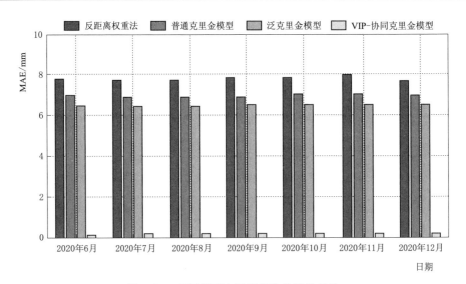

图 4.26 不同模型空间插值整体误差对比

总体来看，采用不同模型的最大相对误差测点，主要是大坝左 0+008.20 断面 EXa3-4 测点，且其误差大小依次为：反距离权重法＞普通克里金模型＞泛克里金模型＞VIP-协同克里金模型，穷其原因应和该测点实测值较小有关。反距离权重法虽然考虑了距离对于权重分配的影响，但测点数据不够密集或均匀，仍然会导致较大的偏差。普通克里金法考虑空间各测点之间的自相关性，将原本独立的各个测点有机地联系在一起，能更好地从整体上描述空间规律，其预测精度较反距离权重法有一定提升。泛克里金模型引入趋势量可以有效减小平均绝对误差，但其预测能力具有不稳定性，对于部分测点会出现预测异常，预测出无法合理解释的结果，如 EXa4-1 测点。协同克里金利用主变量与协变量之间的互相关性，能有效提高未知点处主变量的插值精度，并且在趋势性不明显处，协同克里金能克服泛克里金的缺陷，利用环境量与效应量之间的互相关性，大幅缩小待估点处的误差范围，具有精度高、适用性强的优势，其平均绝对误差较反距离权重模型、普通克里金模型、泛克里金模型平均降低了 98.7%、98.5%、98.4%。

4.4.2 环境响应辨识

在测量误差消减后，即进阶触发环境响应辨识，进一步识别数据突变是由库水位、降水、地震等环境量变化引起大坝结构真实的变化响应，还是结构性态恶化的异变表征。环境响应辨识综合考虑库水位、库区降水、温度等因素，基于高精度的统计回归模型分离各环境量变化响应值，辨识环境量变化诱发的突变，其主要步骤如下所述。

1. 环境量突变识别

调用异常测点对应环境量滞后影响期内的水位、温度、降水等环境量、地震等信息，识别其是否发生突变。若环境量未发生突变，则环境响应辨识自动结束。

2. 环境量分离

若环境量发生突变则自动匹配异常测点的数学模型，分离各环境量分量，构建时效分量函数，如图 4.27 所示。数学模型可直接采用数据异常识别模型簇中的统计回归模型或稳健回归模型。

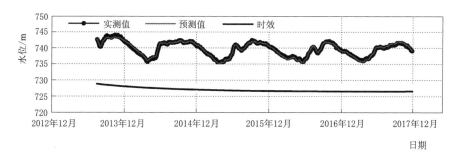

图 4.27　某大坝基础渗压 P78 测点时效分量函数构建

3. 环境响应识别

采用稳健识别准则（详见4.3.3.2）构建时效函数的预警阈值，采用消减环境响应量后的时效测值重新进行测值异常判别，如图4.28所示。若识别为正常，则判断异常数据系环境量突变诱发导致，否则判断为结构性异变。

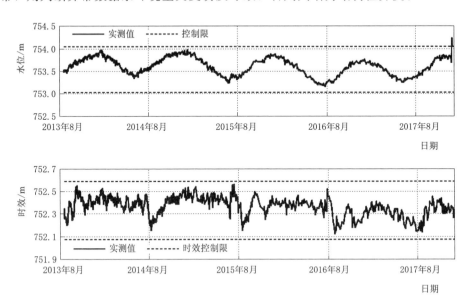

图4.28　某大坝坝基渗压测点PB67实测值及时效分量异常预警控制限图

4.5　工　程　应　用

大渡河流域大坝安全风险智能管控系统采用监测数据异常辨识技术，有效提升了大坝监测数据异常识别精准度，降低监测数据异常识别误判率和漏判率至2%以内，实现了大坝安全监测数据异常诱因的在线分类辨识，为大坝安全风险实时管控提供了可靠的数据支持。

4.5.1　数据异常识别精度分析

目前，大渡河流域电站已基本实现自动化观测，采集系统具备缺测仪器识别和异常仪器数判别两项功能，一定程度上保证了数据的精度以及来源的可靠性。自动化数据通常以固定的频率智能采集，如龚铜两站均为2次/周、瀑布沟电站基本为1次/3d。

为进一步验证数据异常识别的精准度，以龚嘴、铜街子、瀑布沟、深溪沟电站2015—2019年562个测点的总计298723测次的安全监测数据为例，分别采用传统单一方法和模型簇组合识别方法，并与人工识别进行对比，结果见表4.4。

表 4.4　　　　　　　　　　　　　　数据异常识别对比结果

识别方法	测值类型	突变测点 /个	异常预警次数 /次	漏判次数 /次	误判次数 /次	误判漏判率 /%
传统识别方法 （PLSR 模型）	位移	35	2157	883	172	0.78
	渗流	27	547	3722	71	2.33
模型簇组合 识别方法	位移	41	2811	73	16	0.05
	渗流	52	4126	156	84	0.14
人工校核	位移	41	2868	总测次	位移测点测次	135602 次
	渗流	52	4198		渗流测点测次	163121 次

从表 4.4 中可以看出，基于 Pauta 准则的多元回归识别模型仅识别出 62 个突变测点，漏判测点 31 个；异常测值预警次数 2604 次，漏判次数 4705 次，误判次数 243 次，整体误判漏判率达 3.11%。而模型簇组合识别方法能识别出全部 93 个突变测点，异常预警次数 6937 次，漏判次数 229 次，误判次数 100 次，误判漏判率 0.19%，较单一方法能有效降低异常识别的误判漏判率 94%。

对单一测点而言，针对数据类型为小量值型、震荡型、台阶型的单测点，传统单一方法误判、漏判率则高达 10% 左右，本书提出的模型簇组合识别方法识别精度较高，其误判、漏判率可控制在 2% 以内。典型测点异常识别结果见表 4.5 和图 4.29、图 4.30。

表 4.5　　　　　　　　　　　　部分突变测点异常识别对比结果

工程	测点	总测值 次数/次	传统单一方法 识别异常值 次数/次	模型簇识别 异常值次 数/次	人工识别 异常值次 数/次	单一方法 误判、漏判 率/%	模型簇误判、 漏判率/%
龚嘴 电站	WE03	687	23	3	11	1.46	1.16
	UP812	640	21	46	46	3.91	0.00
	UP10101	633	28	87	87	9.32	0.00
铜街子 电站	BDJG15X	692	5	3	0	0.72	0.43
	WE19	672	9	24	24	2.23	0.00
	WE12	675	21	94	94	10.81	0.00
瀑布沟 电站	CH22	596	7	23	23	2.68	0.00
	LD75	228	2	0	0	0.88	0.00
深溪沟 电站	RK8	663	12	36	36	3.62	0.00
	JG4	693	0	68	68	9.81	0.00

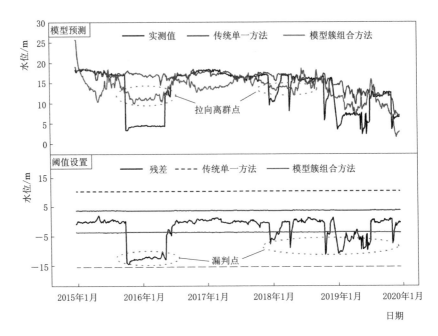

图 4.29　台阶型典型测点 UP812 异常识别效果图

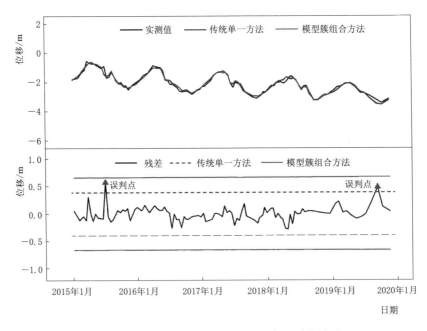

图 4.30　小量值典型测点 LD75 异常识别效果图

4.5.2　数据异变诱因辨识的可靠性分析

大渡河流域大坝安全风险智能管控系统投运以来，采用监测仪器远程复测、测值空间关联分析、环境量相关模拟等成功在线辨识并消减了偶然误差、仪器故障和环境量响应等非结构性异变，实现了非结构性异变和结构性异变的在线辨识，且可靠性较高。

4.5.2.1　采集系统偶然误差辨识

系统上线以来，已在线辨识采集系统偶然误差诱发非结构性异变 98 例。如龚嘴电站量水堰测点于 2019 年 1 月 3 日 8：00 测值出现异常预警，其监测数据测值为 29.64m³/d，如图 4.31 所示。异常预警自动触发远程复测后三次采集的测值分别为 9.43m³/d、9.50m³/d 和 9.50m³/d，由此系统判定该异变系自动化采集系统的偶然误差产生，属非结构异变，取复测值的平均值 9.48m³/d 来消减随机误差。

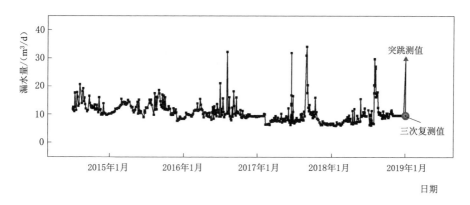

图 4.31　大渡河流域龚嘴电站量水堰测点测值历时过程线

4.5.2.2　监测仪器故障辨识

系统上线以来，已在线辨识监测仪器故障诱发的非结构性异变 5 例，其中 1 例系多测点仪器故障，另外 4 例系单测点仪器故障。

1. 多测点仪器故障辨识

多测点仪器故障发生在铜街子大坝坝顶真空激光准直系统测点，其监测布置，如图 4.32 所示。2019 年 1 月 4 日，BDJG19Z 测点顺河向位移测值出现异常预警，测值为 5.56mm，其历时过程线，如图 4.33 所示；随即触发远程复测，于上午 11:30 连续三次采集测值为 5.42mm、5.53mm 和 5.56mm，与第一次监测值一致，再次异常预警，因此排除偶然误差，进阶启动仪器故障辨识。

仪器故障辨识启动后，系统首先自动匹配 BDJG19Z 同类型测点，其临近测点和临近坝段测点顺河向的实测位移过程线，如图 4.34 所示。经计算，坝顶布

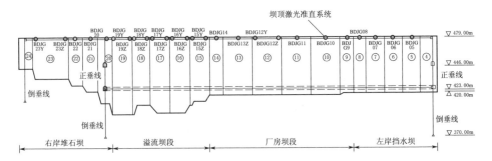

图 4.32　大渡河流域铜街子电站坝顶激光测点布置

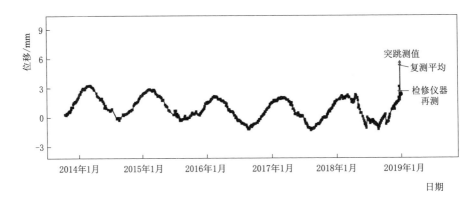

图 4.33　坝顶激光测点 BDJG19Z 顺河向位移历时过程线

设的 26 个激光测点，除左岸挡水坝段 4 个测点 BDJG05～BDJG08 外，顺河向位移测值均表现为突然抬升，异常比例高达 84.6%，且垂直方向位移无异常。现场检查后发现厂家对坐标仪进行维护，导致测值存在系统误差，检修完毕后再次测量恢复正常，由此辨识该异变系由监测仪器故障引发。

2. 单测点仪器故障辨识

单测点仪器故障均出现在瀑布沟大坝内观变形测点，本书以瀑布沟 0+240 断面内部垂直位移典型测点为例，其监测布置如图 4.35 所示。

2019 年 8 月 4 日，CH12 测点测值为 2066mm，其数据序列特性为规律型，匹配最小二乘回归模型和 Pauta 准则，经数据异常识别为异常，如图 4.36 所示。数据异常预警触发远程复测，于上午 11:30 连续三次采集测值 2065mm、2066mm 和 2066mm，与第一次测值一致，再次异常预警，因此排除系统采集偶然误差，进阶触发仪器故障排查。

系统首先自动匹配 CH12 测点同断面同类测点 CH1～CH16，采用协同克里金模型构建其空间预测模型，调用各测点的当次测值，计算 CH12 测点空间预

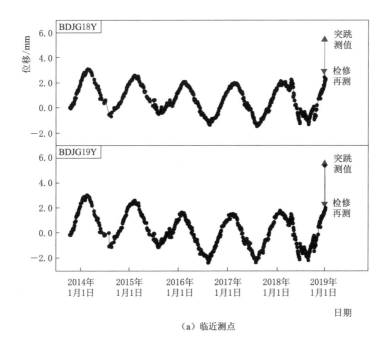

（a）临近测点

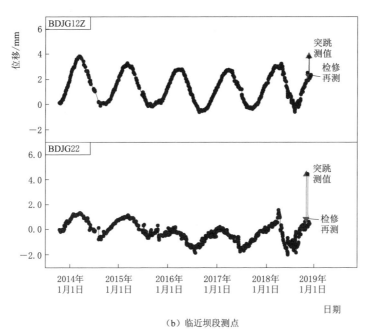

（b）临近坝段测点

图 4.34　铜街子电站坝顶激光测点顺河向位移实测过程线

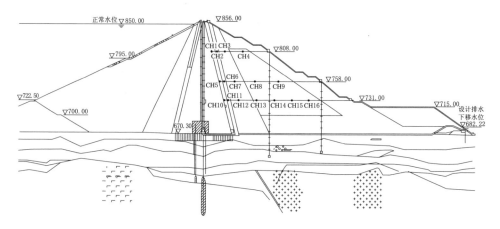

图 4.35　瀑布沟大坝 0+240 断面水管式沉降仪布置

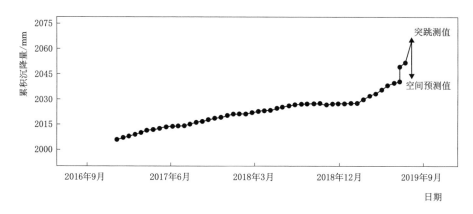

图 4.36　瀑布沟大坝内观垂直位移 CH12 测点历时过程线

测值为 2045.1mm。将空间预测值替代实测值重新进行数据异常识别，识别结果为正常，由此判断该异变系监测仪器故障引发。后经仪器人工检核，发现该测站测值长期不稳定，波动性大，测值可靠性差，与在线辨识结果一致。

4.5.2.3　环境量响应辨识

系统上线以来，铜街子、龚嘴、瀑布沟等电站均未出现明显的环境量突变现象，未出现环境量突变诱发的非结构性异变。为验证环境量响应辨识的有效性，采用瀑布沟电站防渗墙及心墙渗压典型测点构建库水位突变诱发的测值异常预警序列，如图 4.37 和图 4.38 所示。测值预警进阶触发环境量响应辨识，自动匹配统计回归模型，并分离其水位、温度、降雨等环境变量，采用消减环境响应量后的时效分量序列重新进行异常辨识，若无异常预警则判定其为非结构性异变，属于水位突变诱发的响应突变，如图 4.39 和图 4.40 所示。

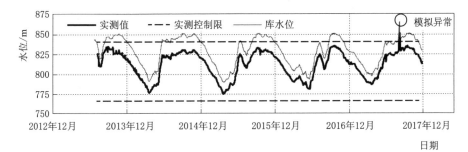

图 4.37　瀑布沟电站防渗墙渗压计 P11 测点环境量及测值突变模拟图

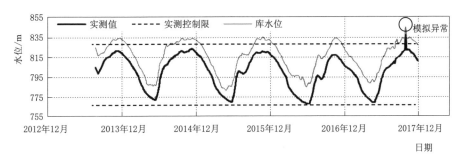

图 4.38　瀑布沟电站心墙渗压 PB62 测点环境量及测值突变模拟图

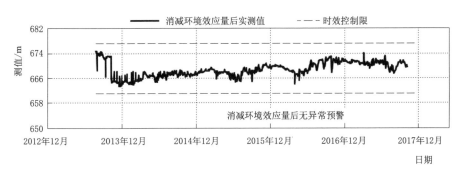

图 4.39　瀑布沟电站防渗墙渗压计 P11 测点环境响应量消减后的预警图

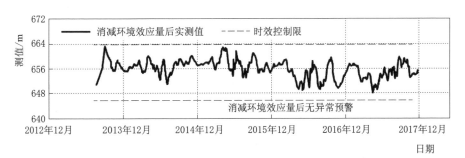

图 4.40　瀑布沟电站心墙渗压 PB62 测点环境响应量消减后的预警图

5

大坝安全在线监控及预警响应技术

5.1 在线监控主要内容与总体架构

5.1.1 主要内容

在线监控是指基于监测和现场检查等信息，通过自动化、信息化、智能化等手段，对大坝安全状况进行在线分析诊断和评判，及时发现大坝结构运行性态异常，及时预警反馈，为采取管控措施提供辅助决策支持的技术手段。在线监控对象和内容主要根据监测项目布置情况、坝体关键部位和薄弱环节、结构安全重点评价分项和巡视检查内容等确定。

（1）监控对象。监控对象主要包括大坝与泄洪消能建筑物及基础和附属设施，以及影响大坝安全的近坝库岸边坡和其他构筑物。

（2）监控部位。大坝坝体庞大而复杂，不可能对每一处结构都进行监控，通常选取一些关键部位，如重点关注的结构部位、重点监控的断面、存在隐患和缺陷的部位、坝体薄弱环节和安全度较低的断面等。主要通过监测数据的表征和外观表象来反映，如重力坝坝顶、坝基、典型坝段和岸坡连接坝段等；土石坝坝顶、坝基、防渗体、上下游坝坡、穿坝建筑物连接部位和岸坡连接坝段等。

（3）监控项目。监控项目主要包括大坝变形、渗流、关键和薄弱部位的应力、应变等。根据监测系统输入的新源数据，监控数据中是否存在异常测值、基于新源数据计算的特征值是否超过允许的临界值、测值序列的变化规律和发展趋势是否符合客观规律、测值的空间部位的变化特征是否合理以及空间分布特性是否存在异常。

（4）监控测点。监控测点主要包括与监控对象、部位相关的环境量和水雨情测点、能反映监控对象变形、渗流性态的测点，以及关键部位、薄弱部位变形和应力应变测点等。

（5）重点评价。结构安全评价通常基于监测数据进行计算分析，不同坝型对结构安全的重点评价内容不同，如重力坝重点监控抗滑稳定；拱坝重点监控坝体应力和拱座稳定；土石坝重点监控坝坡抗滑稳定。

因此，在线监控主要以大坝安全监测数据作为主要信息源，侧重管控监测数据的异常测值、时间和空间变化趋势；重点监控由监测信息表征的关键部位评价结果是否正常、基于监测数据计算的重点评价分项是否满足相关要求。

5.1.2 总体架构

本书主要基于大坝安全信息综合平台，以实时输入的新源数据为启动源，针对安全在线监控主要内容，构建集监测数据异常在线识别、监测数据时空特性评判、大坝安全性态在线评价、监控和安全预警响应于一体的大坝安全在线监控总体架构，如图5.1所示。

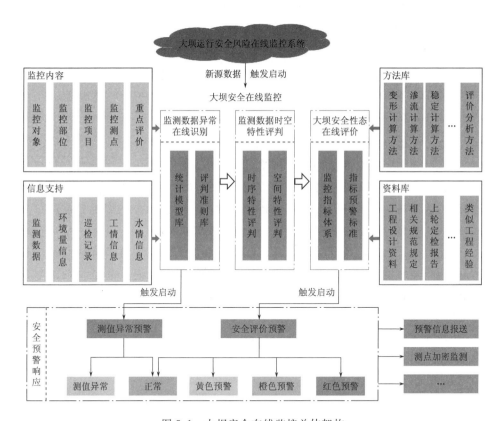

图 5.1 大坝安全在线监控总体架构

在线监控由新源数据自动触发，系统一旦检测到新输入的监测数据则自动启动大坝安全在线监控程序，其数据流程，如图 5.2 所示。

（1）监测数据异常在线识别。经评判准则识别为正常的测值直接存入大坝安全综合信息平台数据库中；为异常的数据标记"异常测值"。异常识别结果存

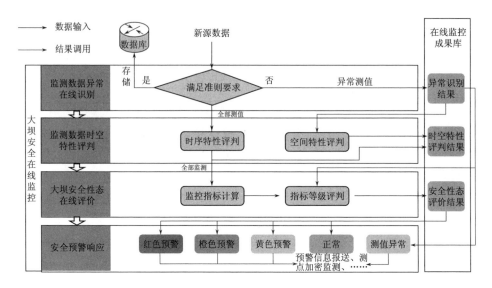

图 5.2 大坝安全在线监控数据流程

入在线监控成果库,供用户后续查询和调用。

(2) 监测数据时空特性评判。自动分析所有测值序列的时序特性,包括极值、变化率和时效趋势收敛性等;调用监测数据异常识别结果,对异常测值进行空间特性评判,根据空间部位变化特征构建的时空模型分析监测量空间分布的协调性。所有时空特性评判结果存入在线监控成果库。

(3) 大坝安全性态在线评价。基于输入的新源数据实时计算在线监控指标体系中的各指标值,同时结合异常识别结果、时空特性评判结果、巡检记录及指标预警标准确定指标等级和大坝安全综合等级。所有大坝安全性态在线评价结果存入在线监控成果库。

(4) 安全预警响应。调用在线监控成果库,根据异常识别结果和安全性态评价结果标示相应的预警指示灯并报送异常信息,同时自动触发大坝加密监测等预警响应措施。

5.2 在线监控指标体系构建

大坝潜在风险在发生之前通常会反映在相应的原观监测量上,因此可以从大坝安全监测项目入手设计在线监控指标。不同坝型重点关注的监测项目、关键部位和重点评价对象不同,从运行期影响大坝安全的因素来看,不同坝型的故障路径、失事原因和监测表征不同,应当针对具体坝型分别构建在线监控指标体系。

5.2.1 指标体系构建原则与依据

大坝安全监控的指标类型众多，指标体系的构建原则包括：①依据工程的实际情况，立足于现有的指标和统计数据，使用公认和统一的指标；②指标值的算法要简单且易于程序化，计算结果具有可比性；③一个预警信息可以综合多个指标来分析得出。因此，在线监控指标在筛选和提炼时应该遵循以下原则：

（1）客观而全面。监控指标要能较为客观、准确、真实和清晰地反映坝体结构的安全状态，可以通过监测仪器、巡检或简单的计算得到明确的结果；指标体系涵盖面要广，利用定量和定性指标相结合的方式，能全面包含反映和影响大坝运行性态的各类要素。

（2）独立有层次性。指标选取时应尽量保证独立性，尽可能减小各指标的重叠区域，无法避免相关性时应在评估标准中考虑其相容性；考虑到指标体系自身的多重性，指标构建要有层次性，一般2～3个层次较为适宜。

（3）普适且有代表性。指标体系应在同类型的坝中具有较高的适用性，而不仅仅局限于某一个大坝，能适应时间和空间上的差异性、包容地域特色，使处在不同工作条件的大坝均能采用。此外，还应该选择一些有控制作用和代表性的监测项目或部位建立关键指标。

（4）动态性。构建监控指标时应注重实时性和动态性，需要基于最新的数据信息，并结合随时间积累的序列信息、巡检记录、定检资料等动态评价大坝的安全状态。

影响大坝安全运行的因素相互交错，根据指标体系的构建原则，既需要兼顾多方面的影响因素又需要重点突出相关性大的因素，从而针对大坝的特点层层筛选出最具代表性的预警指标。本书主要根据大坝运行期的安全风险因素和监测表征，结合设计规范和标准、经验规律等来构建指标体系，构建的步骤包括："海选"状态指标——→初步筛选指标——→建立梯度指标层次——→确立指标体系。

5.2.2 大坝安全性态与监测表征响应关系分析

确定影响大坝安全的主要风险源、失事模式及风险的演进过程是建立大坝监控指标体系的基础，失事风险演进过程分析是对诱发大坝枢纽失事的起始事件、过程事件和结果事件的完整描述，它不仅详细梳理了大坝风险发生的全过程，还能通过科学、合理的风险演进过程分析建立较为完整的在线监控指标体系，为大坝安全风险预警提供保障。大坝开裂、渗透破坏等结构故障从孕育到发生是一个从量变到质变的复杂过程，大坝运行性态在此过程中动态变化，且与变形、应力、渗流等监测表征存在必然的耦联关系。不同坝型的安全风险源及风险路径不尽相同，大坝运行安全性态与监测表征的映射关系亦有显著区别。

5.2.2.1 重力坝潜在风险与监测表征

1. 大坝漫顶

在重力坝失事事故统计中，大坝漫顶占 33.8%。就大坝漫顶而言，当库水位超过坝顶高程即认为发生大坝漫顶，若将大坝坝高做定值考虑，则库水位的升高是形成大坝漫顶风险的主要原因。在大坝枢纽所处的复杂赋存环境中，大范围强降水、库岸滑坡、泥石流乃至地震等自然风险源都可能通过形成超标洪水、诱发涌浪乃至造成水库淤积、降低防洪库容等产生漫坝风险。此外，因上游水库溃决形成流域区间大洪水、闸门故障或泄洪设施失效造成的泄洪能力不足等，不确定性事件导致大坝漫顶，进而造成大坝失事的现象也时有发生。

2. 坝基失稳

重力坝分坝段独立工作，依靠自身重力保持稳定，重力坝所有因荷载条件变化造成的滑动力增大或材料性能劣化导致的阻滑力降低等单因子或联合作用都可能形成重力坝失稳风险，如印度 Kaia 重力坝、摩洛哥 Mohamed V 重力坝等都是因坝基失稳导致大坝失事。大坝运行环境复杂多变，造成滑动力增加风险的主要来源有作用于坝体的水、沙静力载荷增加或地震动力载荷作用，而阻滑力的降低除因帷幕和排水孔失效导致的坝基扬压力升高外，在长期运行过程中基岩抗剪强度弱化和结构面强度弱化也是其常见原因。根据发生位置不同，可将坝基失稳分为建基面滑动失稳及深层滑动失稳两类，对于深层滑动，除荷载与材料强度弱化外，坝趾淘刷等对于坝基稳定的影响也十分显著。

3. 结构破坏

重力坝为大体积混凝土结构，在巨大的水力载荷作用下，其坝体，特别是坝体中下部已具较高应力水平，在极端荷载条件或长期运行导致的混凝土性能衰减作用下，坝体应力存在超过自身抗拉或抗压强度的可能，形成局部结构的拉裂或压裂破坏风险，如已失事的美国 Bartlett 重力坝，在水、沙、扬压力、地震等静动荷载作用下，坝踵、坝趾均存在发生结构破坏的潜在高风险区域。与此同时，坝体开裂也是结构破坏的常见风险类型，且成因更为复杂，除由温度应力过大、冰凌冲击等载荷变化所形成的开裂现象外，施工过程中的层间结合不良以及由于长期运行导致的坝体老化、碱骨料反应、库水侵蚀等混凝土性能衰减现象都有可能造成坝体局部表面、深层甚至是贯穿性裂缝。

每一类潜在风险的发生均由大坝结构运行性态变化引起，且都会反映在相应的原观监测量上，通过对重力坝安全风险演进路径与机理的深入分析，研究提出重力坝运行安全性态与监测表征耦联机制，如图 5.3 所示。

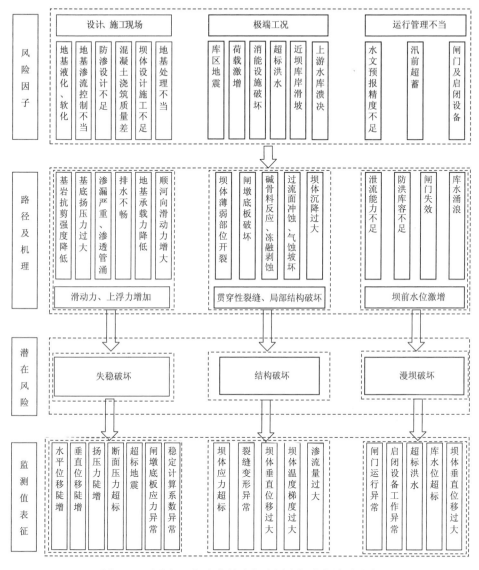

图 5.3　重力坝运行安全性态与监测表征响应关系示意

5.2.2.2　土石坝潜在风险与监测表征

1. 大坝漫顶

在土石坝失事事故统计中，大坝漫顶约占 1/2。漫坝是指坝前水位超越坝顶高程形成溢流的过程，与重力坝相同，库水位的升高是土石坝漫顶风险的主要原因。大范围强降水、库岸滑坡、泥石流乃至地震等自然风险源都可能通过形成超标洪水、诱发涌浪、坝顶高程降低乃至造成水库淤积降低防洪库容等产生漫坝风险。此外，因上游水库溃决形成流域区间大洪水、闸门故障或溢洪道破坏造成的泄洪能力不足等不确定性事件导致大坝漫顶，进而造成大坝失事的现象也时有发生。

2. 渗透破坏

渗透破坏是土石坝最常见的破坏模式之一。坝体渗透破坏是一种土工结构内部冲蚀破坏，从机理上说，有4种破坏形式，即流土、管涌、接触冲刷和接触流土。但是渗流引起土石坝最终溃决总是表现为集中渗漏发展成管涌，冲刷通道使其不断塌方、扩大，最终溃坝。根据渗漏部位可分为坝体集中渗漏和坝基集中渗漏。渗透破坏风险的主要来源是渗透坡降增加和出现渗漏通道，渗透坡降增加的原因主要有库水位增加、心墙破坏、防渗墙破坏、帷幕破坏等，坝体出现渗漏通道的原因有白蚁破坏、坝体贯穿裂缝、坝后反滤设施失效等，坝基出现渗漏通道的原因有坝基处接触破坏、地基存有断层和强透水层等。除此之外，在汛期土石坝下游坡大范围散浸造成浸润线抬升从而引起的坝体失稳也是土石坝的破坏模式之一，其成因有坝后排水体系淤堵、防渗体系破坏、超标准洪水和降水入渗等。

3. 坝坡失稳

坝坡失稳是土石坝常见的破坏模式之一。由于外力的作用破坏了土体内部原有的应力平衡，造成土的抗剪强度降低，坝坡最终失稳。根据滑动部位可以分为上游坝坡失稳、下游坝坡失稳。上游坝坡失稳主要是由于库水位降落过快，在坝体产生很大的孔隙水压力造成的。此外涌浪冲刷、坝体裂缝和枯水期的坝脚冲刷也会引起剥落、局部坍塌，从而导致上游坝坡失稳。下游坝坡失稳主要是由于浸润线升高，渗透压力增加所引起的，包括库水超高、心墙破坏、排水设施淤堵等，此外坝体裂缝和坝脚冲刷也是下游坝坡失稳的诱发因子。除此之外，当坝基内存有软弱岩层，伴随地震、超标洪水、地基强度弱化等作用，也可能诱发土石坝沿软弱岩面发生整体滑动。

每一类潜在风险的发生均由大坝结构运行性态变化引起，且都会反映在相应的原观监测测量上，通过对土石坝安全风险演进路径与机理的深入分析，研究提出土石坝运行安全性态与监测表征耦联机制，如图5.4所示。

5.2.3　在线监控指标选取

5.2.3.1　重力坝监控指标体系

结合重力坝运行期存在的风险因子、相应的监测表征以及监测项目布置情况，将稳定、变形、渗流、应力-应变和巡视检查共五类指标作为一级指标，一级指标又细化为建基面实时抗滑稳定安全系数等19个二级指标，其中巡视检查依据混凝土坝安全监测相关技术规范划分为坝体检查、坝肩及坝基检查、泄水建筑物检查、闸门及金属结构检查共四类二级指标。重力坝在线监控指标体系，

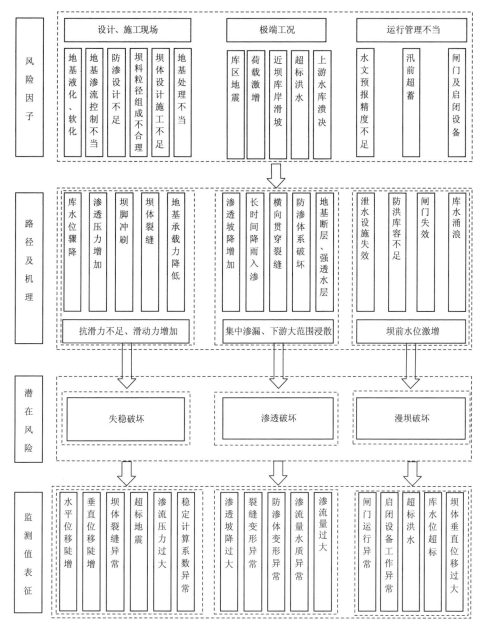

图 5.4　土石坝运行安全性态与监测表征响应关系示意

如图 5.5 所示，针对具体重力坝的枢纽建筑物和监测项目的实际布置情况，可在此体系上进行适当增补或删减。重力坝在线监控指标体系中，巡视检查的各项二级评价指标直接调用现场巡视人员的输入记录；其余各二级指标对应的监测数据选取见表5.1。

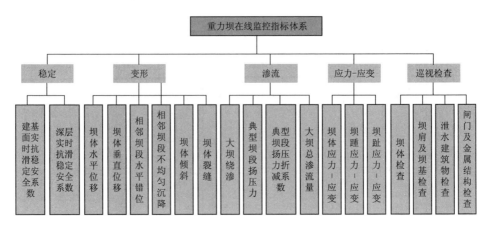

图 5.5 重力坝在线监控指标体系

表 5.1 重力坝安全在线监控指标对应监测数据选取

一级指标	二级指标	监测数据选取
稳定	建基面实时抗滑稳定安全系数	各典型坝段坝基扬压力实测值＋上下游水位实测值
	深层实时抗滑稳定安全系数	各典型坝段深层孔扬压力实测值＋上下游水位实测值
变形	坝体水平位移	各坝段测点的水平位移实测值
	坝体垂直位移	各坝段测点的垂直位移实测值
	相邻坝段水平错位	相邻坝段测点的水平位移实测值
	相邻坝段不均匀沉降	相邻坝段测点的垂直位移实测值
	坝体倾斜	坝体倾斜实测值
	坝体裂缝	坝体裂缝测点实测值
渗流	大坝绕渗	大坝绕渗测点实测值
	典型坝段扬压力	各典型坝段坝基压力实测值＋上下游水位实测值
	典型坝段扬压力折减系数	各典型坝段帷幕后第一排测孔实测值＋上下游水位实测值
	大坝总渗流量	反映大坝总渗流量测点实测值
应力-应变	坝体应力-应变	坝体应力测点实测值
	坝踵应力-应变	坝踵应力-应变测点实测值
	坝趾应力-应变	坝趾应力-应变测点实测值
巡视检查	坝体检查	巡视检查记录：异常现象表征，异常位置、桩号、高程和异常原因等
	坝肩及坝基检查	
	泄水建筑物检查	
	闸门及金属结构检查	

5.2.3.2　土石坝监控指标体系

　　同重力坝一样，结合土石坝运行期存在的风险因子以及相应的监测表征，将土石坝在线监控指标体系划分为 2 个层次，稳定、变形、渗流、应力-应变、巡视检查为一级指标，一级指标又细化为上游坝坡实时稳定安全系数等 19 个二级指标，其中巡视检查依据土石坝安全监测相关技术规范划分为坝体检查、坝基和坝区检查、溢洪道检查、闸门及启闭机检查共四类二级指标。土石坝在线监控指标体系，如图 5.6 所示，针对具体土石坝的枢纽建筑物和监测项目的实际布置情况可在此体系上进行适当增补或删减。土石坝在线监控指标体系中，巡视检查的各项二级评价指标可直接调用现场巡视人员的输入记录，并重点关注是否存在危及工程安全的因素，其余各二级指标对应的监测值选取见表 5.2。

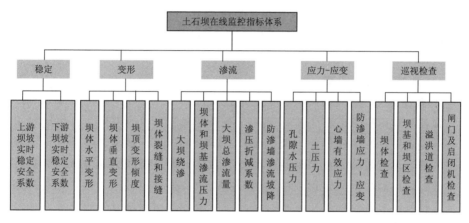

图 5.6　土石坝在线监控指标体系

表 5.2　　　　　　　　土石坝安全在线监控指标对应监测值选取

一级指标	二　级　指　标	监　测　数　据　选　取
稳定	上游坝坡实时稳定安全系数	上下游水位及心墙部位渗压实测值
	下游坝坡实时稳定安全系数	上下游水位及心墙部位渗压实测值
变形	坝体水平变形	坝体各水平位移测点实测值
	坝体垂直变形	坝体各垂直位移测点实测值
	坝顶变形倾度	坝顶顺河向、横河向相邻测点的垂直位移实测值
	坝体裂缝和接缝	坝体各裂缝和接缝测点实测值
渗流	大坝绕渗	大坝左右岸绕渗测点实测值
	坝体和坝基渗流压力	坝体和坝基渗压测点实测值
	大坝总渗流量	大坝总渗流量测点实测值
	渗压折减系数	测点渗压实测值＋上下游水位实测值
	防渗墙渗流坡降	防渗墙测点渗压实测值＋上游水位实测值

续表

一级指标	二级指标	监测数据选取
应力-应变	孔隙水压力	孔隙水压力测点渗压实测值
	土压力	土压力测点渗压实测值
	心墙有效应力	心墙内土体应力测点实测值＋同点布置的渗压实测值
	防渗墙应力-应变	防渗墙应力-应变测点实测值
巡视检查	坝体检查	巡视检查记录：异常现象表征，异常位置、桩号、高程和异常原因等
	坝基和坝区检查	
	溢洪道检查	
	闸门及启闭机检查	

5.3 预警标准与预警模式

5.3.1 预警要义与构架

1. 预警要义

预警是利用科学可靠的装置和分析技术对可能发生的突发事件提前发出警报，是避免灾难发生的重要手段。预警不等同于预测，预测是根据过去和现在已知的信息运用相关的技术手段或经验对未来大坝运行状态和发展趋势进行预先估计，如监测数据异常识别中采用历史监测数据构建数学模型，并结合当前的环境量测值对大坝的效应量进行预测；而预警是在大坝发生灾害或其他危险之前，根据相关规范、经验规律以及征兆现象，向相关部门发出预报信号以避免造成损失，某种程度上可以说预警是更高层次的预测。预警系统主要包括警义、警源、警兆和警情四要素，各要素含义和分类见表 5.3。

表 5.3   风险预警要素含义和分类

概念	含义	分类
警义	预警系统起点，发展过程中表现警情的含义	警素：大坝薄弱部位的安全状态；警度：警情状态，异常点或危险区的严重程度
警源	警情产生的根源，大坝运行过程中存在的或潜伏的"病兆"	产生原因：自然警源、内生警源、外生警源；可控程度：强可控、弱可控、不可控
警兆	警素发生异常变化导致警情发生前出现的征兆，对应监测物理量或指标值的动态特征变化	分为无警警区、轻度警区、中警警区、重警警区、巨警警区共 5 个等级
警情	事物发展过程中出现的异常情况，即大坝在运行过程中已经存在或将来可能出现的问题	警情因果关系：先行警情、滞后警情；警情产生机制：内部警情、外部警情

当预警指标体系构建完成后，可以根据各分项指标的评价结果确立预警体系。在大坝安全风险预警中，首先需要在明确警义的基础上确定警源，然后结合警源和工程特点重点关注警兆，深入分析警兆和警情的逻辑关系，根据警度划分预警区间和等级，最后根据预警等级显示信号灯和报送预警信息。从影响大坝安全运行的影响因素和失事溃坝模式来看，大坝的警兆或警情主要为漫顶、破坏性裂缝、渗漏、管涌、流土、滑坡塌坑、护坡破坏、冲刷破坏以及附属设施故障等，各类警情的警度可以根据相关规范规定、设计资料、工程经验、统计对比、历史分析以及专家分析等方法确定，并随着时间的推移和大坝的实际运行状况重新制订或实时更新。

2. 预警整体构架

根据预警要义与预警原理，结合在线监控指标体系和大坝实际情况，建立多维预警体系架构，如图 5.7 所示，将大坝安全风险的预警体系划分为要素、层次、空间和时间共四个维度。

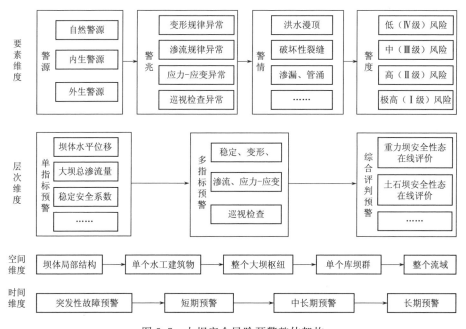

图 5.7　大坝安全风险预警整体架构

（1）要素维度。该维度是预警体系的基本和核心内容，基本流程为确定警源、识别警兆、分析警情和报送警度，根据实时分析的结果反馈潜在风险的因素、表征现象、具体异常情况以及风险的等级和大坝的安全状况等。

（2）层次维度。该维度从监控指标体系的构建进行层层分析和预警，主要包括单指标预警，即二级指标的分区评价结果；多指标预警，即一级指标根据二级指标的评价结果进行分等评级；综合评判预警，即综合多指标以及其他信息源评价大坝的安全等级。

（3）空间维度。该维度涉及在线监控系统所管辖大坝的地理位置和辐射范围，包含坝体局部结构、单个水工建筑物、整个大坝枢纽、单个库坝群和整个流域共五个空间维度的预警，本书主要研究单个水工建筑物的预警等级。

（4）时间维度。预警的发布应及时且准确，预警越早发布就越能及时排除大坝危险；预警发布的时间间隔越短表明警情频繁，大坝潜在危险多，应该高度重视并采取处理措施。根据间隔的长度，预警可以分为突发性故障预警、短期预警、中长期预警和长期预警四类，本书主要针对突发性故障进行实时的预警。

5.3.2 指标阈值与分类

5.3.2.1 指标阈值

目前指标阈值的设置尚没有统一规定的标准，主要有：①设计参数、相关规范规定、类似工程经验或上轮定检结论等；②监测资料丰富的前提下，采用历史数据的特征值，如极大值、极小值、变化率和年变幅等；③统计模型加3倍残差序列的剩余标准差和时效分量趋势分析；④有限元法、极限状态法、置信区间法等一些理论计算方法。

5.3.2.2 分类

本书依据相关规范规定和工程经验，将指标阈值的设置分为规范判别类、控制值＋异常识别＋时效判别类、设计值＋时效判别类、组合判别类和巡视检查类共五类。按危害的严重程度，将单个指标分为正常、轻微异常、中等异常、明显异常和严重异常共五个等级，据此将二级指标的评价等级划分为 A 区、B 区、C 区、D 区、E 区五个区。

1. 规范判别类

对于重力坝抗滑稳定安全系数和土石坝坝坡稳定安全系数，可以采用规范规定值设置其预警标准，这类指标属于一票否决类，只要任意实时计算值小于规范允许值，则应引起重视。

$$\begin{cases} A \text{区：实际计算的安全系数} > \text{允许安全系数} \\ E \text{区：实际计算的安全系数} < \text{允许安全系数} \end{cases} \tag{5.1}$$

2. 控制值＋异常识别＋时效判别类

控制值＋异常识别＋时效判别类又分为控制值＋临时管控＋时效判别、控制值＋数学模型＋时效判别类两类，评价等级分别见式（5.2）和式（5.3）。对直接采用相关测点的实测值、异常在线识别结果和时效趋势分析结果来评价的指标根据式（5.2）设置预警标准；不均匀变形等需要进行简单计算的指标根据式（5.3）设置预警标准，具体见表5.4。

$$\begin{cases} A\,区:未出现临时管控测点 \\ B\,区:未出现测值异常测点 \\ C\,区:y \leqslant y_{控制}\,且时效趋于收敛 \\ D\,区:y \leqslant y_{控制}\,且时效趋于发散 \\ E\,区:y > y_{控制} \end{cases} \tag{5.2}$$

$$\begin{cases} A\,区:y \leqslant y_{控制}\,且\,|y-\hat{y}| \leqslant 2S \\ B\,区:y \leqslant y_{控制}\,且\,2S \leqslant |y-\hat{y}| \leqslant 3S \\ C\,区:y \leqslant y_{控制}\,且\,|y-\hat{y}| > 3S\,且时效趋于收敛 \\ D\,区:y \leqslant y_{控制}\,且\,|y-\hat{y}| > 3S\,且时效趋于发散 \\ E\,区:y > y_{控制} \end{cases} \tag{5.3}$$

式中：y 为各测点的实测值；$y_{控制}$ 为效应量的控制值，其确定是一难点，可以根据大坝设计、施工、试验与研究成果、相关规程规范、力学准则等确定指标控制值；$\hat{y}$ 为数学模型预测值；S 为残差序列的剩余标准差。

表 5.4　　　　　　控制值＋异常识别＋时效判别类预警标准设置

坝　型	预警标准设置	指　标
重力坝	控制值＋临时管控＋时效判别	坝体水平变形、坝体垂直变形、坝体倾斜、坝体裂缝、大坝绕渗、坝踵应力、坝趾应力、坝基应力、坝体应力
	控制值＋数学模型＋时效判别类	相邻坝段水平错位、相邻坝段不均匀沉降
土石坝	控制值＋临时管控＋时效判别	坝体水平变形、坝体垂直变形、坝体和坝基渗流压力、大坝绕渗、防渗墙渗流坡降、孔隙水压力、土压力、防渗墙应力-应变

3. 设计值＋时效判别类

该类指标通常在偏大时预示着存在安全风险，当超过设计值 $y_{设计}$ 时应当引起重视，指标的预警标准设置见式（5.4），包括重力坝的大坝总渗流量和土石坝的渗压折减系数、防渗墙渗透坡降、心墙有效应力和大坝总渗流量。

$$\begin{cases} A\,区:y \leqslant y_{设计}\,且\,|y-\hat{y}| \leqslant 2S \\ B\,区:y \leqslant y_{设计}\,且\,2S \leqslant |y-\hat{y}| \leqslant 3S\,或\,|y-\hat{y}| > 3S\,且时效趋于收敛 \\ C\,区:y \leqslant y_{设计}\,且\,|y-\hat{y}| > 3S\,且时效趋于发散 \\ D\,区:y > y_{设计}\,且\,|y-\hat{y}| > 3S\,且时效趋于收敛 \\ E\,区:y > y_{设计}\,且\,|y-\hat{y}| > 3S\,且时效趋于发散 \end{cases} \tag{5.4}$$

4. 组合判别类

对重力坝的典型坝段扬压力、典型坝段扬压力折减系数两个指标以及土石坝的坝顶变形倾度、坝体裂缝和接缝两个指标采用组合方式设置预警标准。

（1）重力坝扬压力。当典型坝段实测扬压力值及各坝段扬压力折减系数均小于设计值时均正常；结合上一轮大坝安全定检情况，允许个别坝段的扬压力折减系数超标，但若超标的测点较前期定检的超标测点数有新增，则应注意排查；当典型坝段实测扬压力值超过设计值时，大坝运行出现风险，应引起高度重视；当典型坝段实测扬压力值超过设计值，且超过预留的安全裕度时，大坝发生恶化情况，出现危险；具体预警标准见式（5.5）。

$$
\begin{cases}
\text{A 区}:断面扬压力测值及各坝段扬压力折减系数均未超设计值 \\
\text{B 区}:坝段扬压力折减系数超标坝段无新增,典型坝段扬压力不超标 \\
\text{C 区}:坝段扬压力折减系数超标坝段新增,典型坝段扬压力不超标 \\
\text{D 区}:坝段扬压力折减系数超标坝段新增,典型坝段扬压力值超设计值 \\
\text{E 区}:典型坝段扬压力值超安全裕度
\end{cases}
$$

$$(5.5)$$

（2）土石坝坝顶开裂。较为认可的结论是当变形倾度超过 1％时，土石坝表面存在开裂风险，这一标准是通过很多中小土石坝开裂统计而得；但实际工程中当变形倾度超过 1％时，大坝也不一定出现开裂，因此应综合裂缝监测值设定其预警标准，见式（5.6）。

$$
\begin{cases}
\text{A 区}:坝顶变形倾度均未超过控制值且各裂缝测点未出现异常预警 \\
\text{B 区}:坝顶横河向或顺河向变形倾度超过控制值但裂缝测点未出现异常预警 \\
\text{C 区}:横河向变形倾度超过控制值但其变化趋势收敛 \\
\qquad\ \ 或顺河向变形倾度最大值明显增长但裂缝测点未出现异常预警 \\
\text{D 区}:横河向变形倾度超过控制值且呈明显增长趋势 \\
\qquad\ \ 或顺河向变形倾度最大值明显增长且低于 50％的裂缝测点出现异常预警 \\
\text{E 区}:顺河向变形倾度最大值明显增长且超过 50％的裂缝测点出现异常预警
\end{cases}
$$

$$(5.6)$$

5. 巡视检查类

巡视检查类指标可参考式（5.7）设置预警标准。

$$
\begin{cases}
\text{A 区}:巡视检查无任何异常 \\
\text{B 区}:仅出现混凝土剥落、衬砌剥落、坝顶积水、植物滋生、杂草等现象 \\
\text{C 区}:出现异常裂缝、横缝漏水、排水不畅、防浪墙架空等现象 \\
\text{D 区}:裂缝明显扩展、横缝漏水严重、坝段错位明显、流土等现象 \\
\text{E 区}:出现贯穿性裂缝、管涌等失事前兆
\end{cases}
\qquad (5.7)
$$

5.3.3 分类分层预警模式

根据大坝安全在线监控指标体系的构建层次，采用分类分层的预警模式，按在线监控指标体系的层次维度，建立包括单指标、多指标和综合评判的分层递进式大坝安全运行性态预警模式，具体预警模式，如图 5.8 所示。

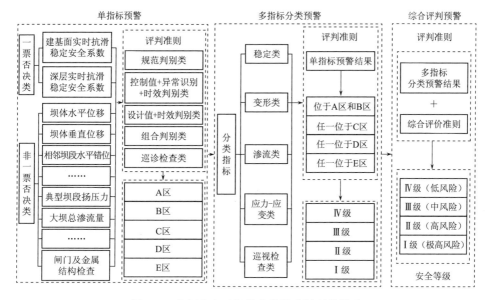

图 5.8　大坝安全运行性态分类分层预警模式

1. 单指标预警

在线监控指标体系中最底层的二级指标采用单指标预警，根据图 5.8 中的阈值设置模式进行评等分区，非一票否决类指标按指标危害的严重程度划分为 A 区、B 区、C 区、D 区、E 区共五个分区；一票否决类指标仅分为 A 区、E 区，只要任意实时计算值小于规范允许值则评为 E 区。

2. 多指标分类预警

在线监控指标体系中的一级指标，为多个二级指标按大坝监测项目类别和结构重点评价分项等分类聚合而成，包括稳定类、变形类、渗流类、应力-应变类和巡视检查类，采用分类预警、四级预警的模式，预警等级的评判准则、评判结果和预警提示见表 5.5。多指标分类预警依据在线监控指标体系中单指标的评价结果，将评判等级 A 区、B 区、C 区、D 区和 E 区聚合为实时安全等级Ⅳ级、Ⅲ级、Ⅱ级和Ⅰ级，分别用绿色、黄色、橙色、红色指示灯标示。

表 5.5　　　　　　　　　多指标分类预警模式

分类指标	稳定类	变形类	渗流类	应力-应变类	巡视检查类
预警等级	Ⅳ级	Ⅲ级		Ⅱ级	Ⅰ级
评判准则	基于该类指标对应的单指标评判结果				
	单指标等级均位于 A 区和 B 区	任一单指标位于 C 区		任一单指标位于 D 区	任一单指标位于 E 区

分类指标	稳定类	变形类	渗流类	应力-应变类	巡视检查类
预警等级	Ⅳ级	Ⅲ级	Ⅱ级		Ⅰ级
评判结果	正常，该类指标中的计算值均小于阈值控制限	该类指标中某些计算值轻微超阈值控制限	该指标中某些计算值严重超预警阈值控制限		该类指标中存在特别严重异常，应该高度重视
预警提示	绿灯	黄灯	橙灯		红灯

多指标分类预警的具体预警模式为该类指标中各单指标等级均位于 A 区和 B 区，评判为Ⅳ级，绿灯显示，表示正常，该类指标中的计算值均小于阈值控制限；若该类指标中任一单指标位于 C 区，评为Ⅲ级，黄灯预警，表示该类指标中某些计算值轻微超阈值控制限；若该类指标中任一单指标位于 D 区，评为Ⅱ级，橙灯预警，表示该指标中某些计算值严重超预警阈值控制限；若该类指标中任一单指标位于 E 区，评为Ⅰ级，触发红灯预警，表示该类指标中存在特别严重异常，应该高度重视。

3. 综合评判预警

综合评判预警基于大坝在线监控指标体系中指标的评判结果，对大坝实时的安全运行性态进行综合评等评级，其评判准则、总体评价和预警提示见表 5.6。大坝运行安全按其严重程度可以分为低（Ⅳ级）风险、中（Ⅲ级）风险、高（Ⅱ级）风险和极高（Ⅰ级）风险共四个等级，分别用绿色、黄色、橙色、红色指示灯进行提示。

表 5.6　　　　　　　　大坝实时安全等级划分标准

安全等级	Ⅳ　级	Ⅲ　级	Ⅱ　级	Ⅰ　级
评判准则	基于多指标分类预警评判结果			
	评价等级均为Ⅳ级	任何一个多指标评判结果达Ⅲ级	任何一个多指标评判结果达Ⅱ级	任何一个多指标评判结果达Ⅰ级
总体评价	风险源防控好，安全风险小、运行较为安全	存在一般安全隐患，应采取措施	存在较大安全隐患，应及时处理	存在失事风险，应适时启动应急响应
预警提示	绿灯	黄灯	橙灯	红灯

综合评判预警的具体预警模式为当所有多指标评判结果的评价等级均为Ⅳ级，大坝安全风险实时等级为Ⅳ级（低风险），以绿灯提示，表明大坝风险源防控好，安全风险小，运行较为安全；任何一个多指标评判结果达Ⅲ级，大坝安全风险实时等级为Ⅲ级（中风险），以黄灯预警，表明大坝存在一般安全隐患，应采取措施；任何一个多指标评判结果达Ⅱ级，大坝安全风险实时等级为Ⅱ级（高风险），以橙灯预警，表明存在较大安全隐患，应及时处理；任何一个

多指标评判结果达Ⅰ级，大坝安全风险实时等级为Ⅰ级（极高风险），以红灯预警，表明大坝存在失事风险，应适时启动应急响应。

5.4　大坝安全风险预警响应决策

5.4.1　总体架构

大坝投入运行前，应首先结合工程特点，通过对可能影响枢纽正常运行和安全运行的风险因子及其致障致灾耦联机制与模式的研究，建立枢纽运行风险因子体系，形成风险防控措施和应急响应预案，实现安全风险管理的规范化和制度化，如图 5.9 所示。

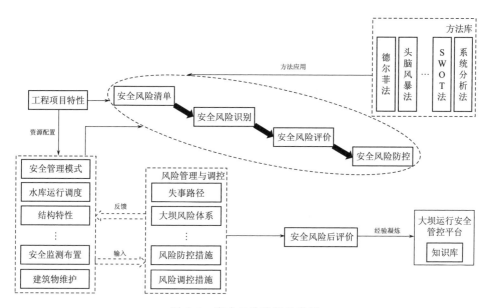

图 5.9　安全风险防控示意图

大坝投入运行后，应建立基于原观监测资料的实时分析和安全综合评价，实现实时预警。大坝安全风险预警信息触发风险响应决策，根据库坝安全风险预警信息，应首先复核风险信息的可信度，经审查后，由授权的管理人员上报风险信息并在必要时发起会商决策，如图 5.10 所示。根据会商内容从专家库中挑选专家参加会议，专家库包括设计人员、业主人员、施工参与人员、高校专家和行业专家等。参会人员通过资料查询、工程区 2D、3D 展示及现场视频全方位了解工程情况，借助数模分析、大坝安全实时监控、知识库等分析大坝险情及主要成因，并评价大坝安全性态。根据会商决策结论，驱动智能推理，根据工程特点及类似工程经验给出多方案的处理和应急措施，并利用 GIS 地理模型、

BIM 模型、虚拟现实和智慧模拟程序验证方案的可行性和风险供决策会商人员参考。最终方案形成后，利用移动互联、物联网、体感系统等手段快速下达指令，并督促相关单位依据指令立即进行整改和响应。应急响应完成后，系统再次进行评判和知识累积，形成库坝安全管控不断演进的闭环智慧管控模式。大坝安全风险响应决策包括特殊工况的点组加密监测响应和安全风险分级管控。

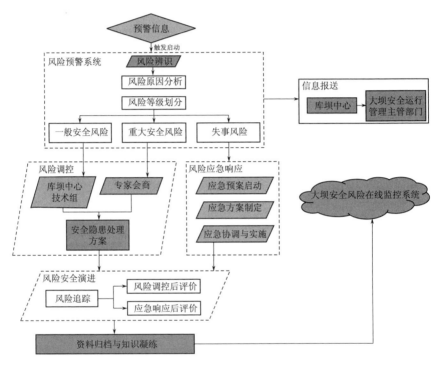

图 5.10　大坝安全风险响应决策架构

5.4.2　安全风险预警响应决策方案

大坝安全预警响应决策首先要解决的问题就是驱动机制，风险预警响应决策的驱动主要分为运行过程中的大坝安全信息实时驱动和"风险识别＋突发事件＋特殊工况"适时驱动。大坝安全信息实时驱动是指通过现场检查、大坝枢纽建筑物与近坝库岸边坡安全监测、水情、气象和水电调度等多源数据融合与深度挖掘，动态感知大坝枢纽赋存条件、工作环境、运行性态及其变化规律，进而通过风险等级驱动预警响应决策。"风险识别＋突发事件＋特殊工况"的驱动机制，是指分别依据风险识别结果及其等级和突发事件分级，对应驱动大坝安全监测信息加密监测与深度感知，同时采用无人机、三维激光扫描、GNSS、水下探测等手段，对大坝枢纽进行空天地全域风险感知与预警响应。对于重大风险或突发事件，针对风险或事件类型启动专家决策会商。其中，遇突发事件与特殊工况，首先启动加密监测。

突发事件主要指突然发生的，可能造成重大生命、经济损失和严重社会环境危害，危及公共安全的紧急事件，包括以下内容：

（1）自然灾害类，如洪水、上游水库大坝溃决、地震、地质灾害等。

（2）事故灾难类，如因大坝质量问题而引起的滑坡、裂缝、渗透破坏而导致的溃坝或重大险情；工程运行调度、工程建设中的事故及管理不当等导致的溃坝或重大险情；影响生产生活、生态环境的水库水污染事件。

（3）社会安全事件类，如战争或恐怖袭击、人为破坏等。

（4）其他水库大坝突发事件。

特殊工况是针对大坝正常运行条件、环境及工况而言的，主要考虑大洪水、坝区暴雨、地震和水位骤升骤降等。不同工程结构特点、赋存与运行环境各异，特殊工况及其判别方式不尽相同，故需要针对工程实际研究制定，大坝特殊工况判别见表5.7。

表 5.7   大坝特殊工况判别

特殊工况名称	预 警 指 标	信 息 来 源
大洪水	入库洪水流量（m^3/s）	水情自动测报系统
强降雨	区域降雨量	水情自动测报系统
水位骤升骤降（仅土石坝）	上升或消落速率	水情自动测报系统
地震	震中距（Δ）、里氏震级（M）、近震震级（ML）	大坝强震监测或区域地震监测
大坝泄洪	大坝下泄流量（m^3/s）	水情自动测报系统
梯级电站联动	上游电站下泄流量＋区间流量 上游电站溃坝流量（m^3/s）	水情自动测报系统
日常巡视异常	（1）坝体表面及廊道出现贯穿性大裂缝；（2）排水设施排水量异常增大、水质浑浊	巡视检查记录

5.4.2.1 加密加测方案

特殊工况的点组加密监测工作主要利用监控系统设定的模式完成，当系统不能通过采集服务完成加密监测任务时，采用远程连接现场电脑完成加密监测任务，若仍无法完成采集则立即启动现地加密监测。主要工作流程，如图5.11所示。

1. 加密监测内容

为确保在特殊情况下及时启动加密监测工作，结合大坝运行特点和工程实际，应针对性地设置其安全加密监测项目，如大坝与地基变形、渗流、防渗体应力-应变、重要裂缝、结构缝变化、近坝库岸边坡渗漏、裂缝、错动和坍塌等情况。

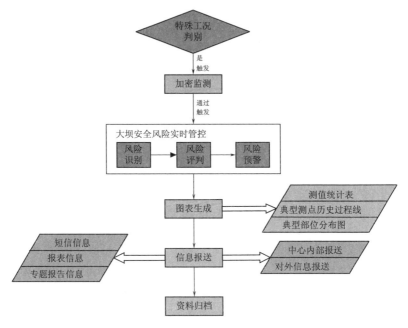

图 5.11　加密监测工作流程

2. 加密监测频次

主要针对运行异常、大洪水及超标洪水、暴雨、地震、库水位骤升骤降进行加密监测，根据预警级别及持续时间确定加密监测频次如下：

（1）运行中重点关注的异常信息或部位（如变形、渗流渗压测值有突变，大坝、边坡等重要部位出现新增裂缝或原有裂缝有较大发展），重点监控项目频次原则上不低于 1 次每天。

（2）当达到Ⅳ～Ⅰ级预警标准但持续时间较短或电站监测数据无异常，加密监测次数不少于 1 次；当达Ⅲ～Ⅰ级预警标准且持续时间超过 3 天或电站监测数据发生异常或巡查发现异常，预警期间监测频次不少于 1 次每天。

（3）当电站遭遇Ⅲ级及以上预警标准（土石坝工程库水位骤升骤降速率超过设计值）时，考虑时效因素影响，预警解除后一月内，对电站主要监测项目进行不少于 1 次全面的监测并据此分析评价，提交监测专题报告。

3. 信息报送基本要求

（1）当达Ⅳ～Ⅰ级预警标准但持续时间较短或电站监测数据无异常，重要或异常信息及时报送，预警解除后报送大坝加密监测详细信息。

（2）当达Ⅲ～Ⅰ级预警标准且持续时间超过 3 天或电站监测数据发生异常、巡查发现异常，重要或异常信息及时报送，加密监测日报当日报送（人工外部变形观测完成后及时报送)。

（3）当电站遭遇Ⅲ级及以上预警标准时，考虑时效因素影响，预警解除后一月内提交监测专题报告。

4．信息报送方式及内容

信息报送方式包括短信信息、报表信息和专题报告信息。监控系统应自动提供短信信息和报表信息。

5.4.2.2 风险响应决策方案

基于风险感知、风险分级、会商决策结果，以安全边界与效益边界为约束条件，以大坝结构与地基破坏、近坝库岸边坡失稳等风险源为决策依据，以水库运行调度、建筑物缺陷修复、边坡加固等为调控对象，以安全与效益为综合目标，对潜在风险进行响应决策，即针对不同风险类别与等级，制定大坝安全风险应对策略与调控方案。

1．Ⅳ级风险（低风险）响应决策

（1）由大坝安全运行管理单位负责对大坝结构、地基、防渗系统的变形、渗流、应力-应变进行加密加测，并对大坝表观裂缝、渗漏、错位变形等进行加密巡查，重点监控项目频次原则上不低于1次每天。

（2）编制大坝安全加密监测分析简报。

2．Ⅲ级风险（中风险）响应决策

（1）由大坝安全运行管理单位负责对大坝安全进行加密监测，并对大坝表观裂缝、渗漏、错位变形等进行加密巡查，重点监控项目频次不低于1次每天。

（2）由大坝安全主管部门组织技术人员或召开专家咨询会进行风险演进分析与预测，一旦发现风险增大趋势，则适时进行风险降解调控。

（3）形成加密监测与风险预测分析报告。

3．Ⅱ级风险（高风险）响应决策

（1）由大坝安全运行管理单位负责大坝安全加密监测及其监测专题分析报告编审上报，上级主管部门会同专家咨询团队进行实时风险评估以及风险降解调控建议方案制定。

（2）由公司生产、建设等业务主管部门负责大坝安全风险调控的组织、协调、会商、决策，审查并下达大坝安全运行管理单位上报的风险调控方案，并监督执行。

（3）大坝安全运行管理单位负责监控大坝安全风险调控方案的实施效果和影响分析，并将监控结果反馈至业务主管部门，并进行风险调控方案动态调整。

（4）公司生产调度部门负责分析风险调控方案对发电效益的影响，实施经审定的水库调度方案和电力调度方案，评估大坝安全风险调控措施对上下游梯级电站发电的影响。

（5）电厂或检修部门负责风险调控降解方案涉及的水工建筑物、机电设备检修维护、安全隐患现场处置等。

（6）风险消除后一个月内，对工程主要监测项目进行不少于1次全面的监测并据此分析评价，提交监测专题分析报告。

4. Ⅰ级风险（极高风险）响应决策

（1）对于极高风险，由公司集中统一部署风险处置行动。运行管理部门负责实施大坝安全"空天地水体"一体化应急监测，以及水情、雨情等应急监测。

（2）公司及各主管部门负责对大坝安全风险进行在线分析、研判、评估、预警，并根据险情特征，会商决策风险处置方案，并指挥电站现场人员实施风险干预措施。若风险干预失败，则启动应急预案，尽可能减小损失和不利影响。

（3）风险处置后一个月内，大坝安全主管部门对电站主要监测项目进行不少于1次全面的监测并据此分析评价，提交监测报告，并对本次风险处置与响应决策进行全面分析、评价。

6

大渡河流域大坝运行安全管控平台

6.1 概　　述

6.1.1 大渡河干流水能梯级开发规划

大渡河是长江流域岷江水系最大支流，发源于青海省果洛山南麓，分东、西两源，东源为足木足河，西源为绰斯甲河，以东源为主源。两源在四川省阿坝州双江口汇合后，由北向南流经金川、丹巴、泸定等县至石棉折向东流，再经汉源、峨边、福禄、沙湾等地，在草鞋渡接纳青衣江后于乐山市城南注入岷江。干流全长 1062km，流域面积 77400km²，年径流量 470 亿 m³，天然落差 4175m。根据流域特性划分，泸定以上为上游，属川西高山、高原地貌；泸定至铜街子为中游，属川西南山地。中上游河谷深狭，落差巨大，是典型的山区性河流。铜街子以下为下游，水流平缓，属四川盆地丘陵区。

大渡河流域水能资源富集，总蕴藏量为 31320MW，在我国十三大水电基地中排名第五。大渡河干流规划建设 28 座梯级水电站，总装机容量约为 29306.2MW，设计年总发电量约为 1161.794 亿 kW·h。大渡河干流梯级水电站自上而下依次为下尔呷水电站（540MW）、巴拉水电站（708.6MW）、达维水电站（300MW）、卜寺沟水电站（360MW）、双江口水电站（3800MW）、金川水电站（860MW）、安宁水电站（380MW）、巴底水电站（720MW）、丹巴水电站（1196.6MW）、猴子岩水电站（2200MW）、长河坝水电站（2600MW）、黄金坪水电站（850MW）、泸定水电站（920MW）、硬梁包水电站（1200MW）、大岗山水电站（2600MW）、龙头石水电站（700MW）、老鹰岩一级水电站（280MW）、老鹰岩二级水电站（375MW）、瀑布沟水电站（3600MW）、深溪沟水电站（660MW）、枕头坝一级水电站（720MW）、枕头坝二级水电站（326MW）、沙坪一级水电站（340MW）、沙坪二级水电站（348MW）、龚嘴水电站（770MW）、铜街子水电站（700MW）、沙湾水电站（480MW）和安谷水电站（772MW）。其中，下尔呷水电站水库为规划河段的"龙头"水库，总库容约为 28 亿 m³，调节库容约为 22 亿 m³；双江口水电站水库为上游控制性水库，总库容约为 32 亿 m³，调节库容约为 22 亿 m³；瀑布沟水电站水库为中游控制性水库，总库容约为 53.37 亿 m³，调节库容约为 39 亿 m³。目前，下尔呷、达维、猴子岩、长河坝、黄金坪、泸定、大岗山、龙头石、瀑布沟、深溪沟、枕头坝一级、沙坪二级、龚嘴、铜街子、沙湾、安谷共 16 座水电站已投运。

大渡河流域梯级电站高坝大库多、坝型多样，涵盖了心墙堆石坝、面板堆石坝、混凝土双曲拱坝、混凝土重力坝及闸坝等多种坝型，如双江口心墙堆石坝（坝高 315m）、猴子岩面板堆石坝（坝高 223.5m）、大岗山双曲拱坝（坝高 210m）、铜街子重力坝（坝高 86m）、深溪沟闸坝（坝高 106m）等。流域地质条件复杂、地震地灾频发，对大渡河影响最大的有 3 条断裂带，分别为北西向的鲜水河断裂带，北东向的龙门山断裂带和南北向的安宁河断裂带，并呈"丫"字形交汇于大岗山水电站附近，该电站区域地震基本裂度Ⅷ度，设计地震峰值加速度达 557.5cm/s²，流域大坝安全风险管控面临较大挑战。

大渡河流域梯级水电站平面分布如图 6.1 所示。

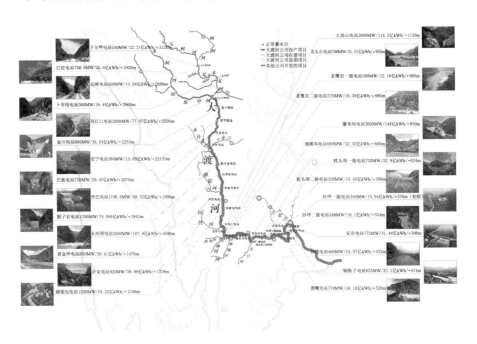

图 6.1　大渡河流域梯级水电站平面分布

6.1.2　大渡河公司智慧企业运行管理总体思路

在新的时代背景下，以云计算、大数据、物联网、移动互联网和人工智能为代表的先进信息技术将数据资源利用能力转变为驱动企业适应时代发展的核心动能，给企业转型带来前所未有的机遇。2014 年，大渡河公司提出了建设智慧企业规划，将信息化技术融入传统水电生产业务，构建与物理企业对应的数字孪生企业，应用数据分析处理技术，让数据驱动管理，推进企业管理模式变革，实现工业化、信息化及管理现代化有机统一，显著提升企业管理、决策水平。

大渡河公司提出了智慧化运行与管理的总体思路，如图 6.2 所示。将先进信息技术融入传统水电工业场景，实现基于流域核心要素的多目标业务量化，在大渡河全流域建成电厂运行、设备检修、库坝安全、梯级调度和生态环境保护等大感知系统，完成流域数字躯体的建立和数字化驱动基础能力的构建；建立了流域复杂网络大传输体系和多量纲大数据中心，围绕云计算与大数据中心实现多源数据的集成集中，打造数据高效传输、集中存储、计算分析全链条技术能力架构，完成了流域运行数据的多源异构融合与数据清洗，为企业物理组织和数字化躯体的智能化协同提供内核支撑体系。通过多业务智能协同，挖掘开发职能专业的智能管控数据模型库，打破传统水电企业层级制管理体系，构建以数据驱动管理为核心、以人机协同为目标的多脑协同柔性组织形态，实现集电站运行、设备维护与检修、大坝与库岸安全管控、梯级调度和生态环境保

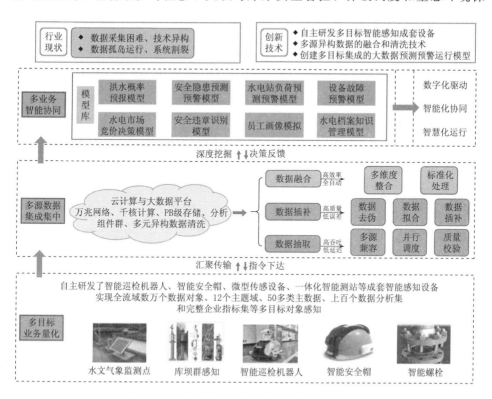

图 6.2　大渡河公司智慧化运行与管理总体思路

护管控等为一体的流域型水电企业智慧化运行与管理，保障流域安全高效运行和效益持续提升。

1. 多目标业务量化

多目标业务量化是水电企业智慧化运行与管理的重要基础。如果将智慧化运行与管理的企业看作一个具有人工智能特征的"人"，那么业务量化就是人的感知物理世界的感观器官，如眼、耳、鼻等。水电企业业务量化就是将企业关心的物理要素实现数字化，使企业相关业务对象、环境和过程等，从过去定性描述转变为更加准确的数据描述。

对于大渡河流域水电企业来讲，业务量化是建立业务感知标准体系，理清业务对象、环境和过程的感知要素，并应用经济、实用和可靠的感知技术，实现相关业务要素动态量化感知。具体来说，是针对流域设备运行、设备维护、发电调度、水库调度和环境监测等多种业务对象、环境及过程，建立相关业务要素量化感知标准体系，考虑经济性、实用性和可靠性的前提下，选用合适的感知技术，实现水电生产管理业务要素的全方位量化感知。

2. 多源数据集成集中

多源数据集成集中是实现流域水电企业智慧化运行与管理的核心。全流域经过全方位量化感知后形成了海量的多源异构数据，这些数据就是智慧化运行与管理企业这个人工智能"人"的血液，这些数据血液的流动，是向企业组织提供业务管理与决策的基本营养。

流域水电企业下属基层单位一般分布在流域偏远地区，过去各基层单位都需建设各自独立的机房，购置大量服务器，部署若干数据库，开发大量相似的应用系统，信息化建设普遍存在重复低效建设、数据孤岛和系统封闭等问题，不仅造成了极大的资源浪费，而且严重影响了数据高效共享。随着各个独立的信息系统建设和运行，大量数据无序堆积进一步加剧了数据运维和共享的困难，导致企业内跨专业之间、跨部门之间、跨层级之间出现严重的信息鸿沟，没有充分发挥数据价值。因此，大渡河公司利用网络传输、云存储、云计算和大数据等先进技术，建设了统一的云计算中心和大数据平台，实现流域各水电厂数据汇集，并按照统一的数据标准，高效开展数据治理，并通过规范供数管理，实现数据高效流动。

大渡河公司建设了云计算中心与大数据平台，作为支撑智慧化运行与管理的基础平台，通过数据汇集、数据治理和供数服务，打破数据孤岛，从纵向维度实现数据从基层单位——职能部门——领导决策的数据流动，从横向维度实现跨专业、跨业务的数据共享，为流域水电企业智能化协同作保障支撑。

3. 多业务智能协同

多业务智能协同是实现水电企业智慧化运行与管理的重要路径，是企业这个人工智能"人"的"大脑"。水电企业生产经营是一个系统工程，需要统筹考虑气象水情、设备状态与运维、电力市场环境及梯级联合优化，这些业务之间必须高效协同，才能整体提升企业管理水平和经济效益。将信息技术与企业管理思想、现代管理理念、业务管理经验、企业管理制度融合，构建企业知识库，高效管理企业知识，再利用知识和数据驱动企业业务管理，并实现物理企业中的业务对象、环境、过程之间的高效协同，实现数据驱动管理，促进企业智慧化运行与管理，有效管控企业生产经营风险，提升管理水平和经济效益。

6.2 总 体 架 构

6.2.1 大坝运行安全管控平台建设历程

大渡河流域地理位置偏僻、地质条件复杂、地震地灾频发，流域内不乏世界级的高坝、大库及巨型水电站，工程长期安全运行的不确定因素多、风险大，单纯依靠人工进行流域梯级坝群安全监测及管控的工作量和难度大，已不能满足工程长期运行安全管理的需求。为此，大渡河公司针对不同坝型特点开展了大坝监测智能化设备引进与研发，积极推动库坝安全监测向"自动监测为主，人工测量为辅"的生产模式转变，以及向"作业现场无人值守或少人值守"的智能监控模式转变，深入研究大坝安全风险智能评估方法，以期提升大坝安全风险精准预警能力，保障大坝健康稳定运行。大坝运行安全管控平台的建设历程可分为如下三个阶段：

第一阶段：2009—2014 年，主要任务为行业调研及平台系统规划设计。本阶段利用信息化、数字化、智能化技术和手段推进了平台规划设计。于 2009 年启动系统平台相关行业调研。2012 年提出了建设大渡河流域大坝信息综合管理系统的总体规划，以大坝安全信息感知、风险识别和自主决策为重点，实施大坝安全监测自动化建设和升级改造，融合水情、工情、监测、检测、地震等监测信息识别异常数据，运用知识推理和数据驱动方法评判大坝安全风险，以满足流域不断投运新电站的监测管理需求。2014 年完成了大渡河流域大坝信息综合管理系统规划设计。

第二阶段：2015—2021 年，主要任务为业务系统研究及管控平台建设。本阶段推进了信息化与生产过程风险智能管控的深度融合。于 2017 年建成了集远程监控和现场巡检于一体的大渡河流域大坝信息综合管理系统，期间开展了大坝在线监控系统相关研究和建设，实现了流域库坝安全多源数据的集成集中管理，有效提高了库坝安全管理的规范化程度和工作效率，实现了全过程、全方位的标准化、科学化、精细化管理。为加强大渡河流域库岸地震和地质灾害专业化管理，提高监测预警的及时性和准确性，大渡河公司于2019年启动、2021年建成了大渡河流域地质灾害预测预警系统和大渡河流域大坝强震集中管控系统，并集成到大渡河流域大坝信息综合管理系统，形成了大渡河流域大坝运行安全管控平台。

第三阶段：2022年至今，主要任务为综合管控平台建设及管理模式变革。本阶段从传统管理向风险防控与智慧管理跨越。通过业务量化、统一平台、集中集成、智能协同等路径，实现以自动预判、自主决策、自我演进为典型特征的大渡河流域梯级库坝安全风险智能管控，全面提升流域梯级群坝安全管理科学决策水平和安全保障能力。

目前，依托大渡河流域大坝运行安全管控平台月入库和处理大坝安全监测及巡查数据达47万条，累积处理和存储信息达3亿条，有效提升了大坝安全风险感知与评估预警能力。

6.2.2 大坝运行安全管控平台总体架构

在大渡河公司智慧企业总体架构下，应用"云、大、物、移、智"信息化新技术，立足于水情气象预报、大坝运行安全监控、库岸地灾监测预警、大坝强震智能管控等业务系统，构建信息共享、三级贯通、业务协同、智能高效的大坝运行安全管控平台，实现大渡河流域梯级库坝群运行安全的全景化和可视化管理，实时掌控大坝安全风险，实现库坝安全智能管理，全面提升库坝安全管理科学决策水平和安全保障能力，支撑大渡河公司智慧企业运行和管理。

大渡河流域大坝运行安全管控平台主要分为感知层、传输层、分析层和决策层四个层级。感知层通过卫星遥感、传感器监测、智能测站、无人机和无人船等新技术手段构建"大感知"网络，实现水库大坝安全管控对象数据信息的智能感知，包括大坝安全监测、水工巡检、闸门开度和设备运行状态等；传输层利用局域网、广域网、移动网和卫星网等方式，将感知层收集到的库坝安全多源信息高效传至公司信息集控中心，由分析层做进一步分析处理；分析层主要包括水情气象预报、大坝信息综合管理、地质灾害预测预警、大坝强震集中管控、四大业务系统；决策层根据库坝安全信息分析处理结果对重大风险预警、应急预案实施等做出决策。大渡河流域大坝运行安全管控平台总体架构，如图6.3所示。

大渡河流域水情气象预报、大坝信息综合管理、地质灾害预测预警和大坝强震集中管控系统是大渡河流域大坝运行安全管控平台的四大核心业务系统。

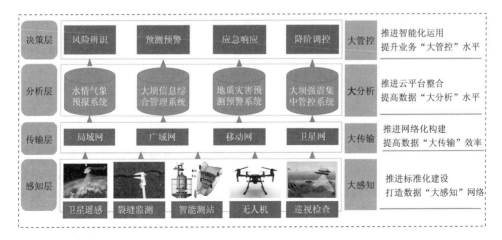

图 6.3　大渡河流域大坝运行安全管控平台总体架构

其中，水情气象预报系统综合应用计算机、电子、通信、遥感、水文、气象等多学科技术，完成对流域江河、水库的降雨、蒸发、温度、水位、流量及闸门启闭等要素信息的采集、传输、处理、预警、自动生成建议方案和发布信息等；大坝信息综合管理系统通过大坝实时监测、监测数据管理、监测数据整编分析、动态监控预警、大坝监督管理、重点部位视频监控、电站风险评估和应急支持、对外信息报送、系统灾备等功能，实现流域水库大坝多源信息的集成集中管理、数据异常识别、安全风险实时评估预警、应急处置等；地质灾害预测预警系统综合运用地质灾害防治信息的大数据资源池，通过地灾监测预警模块建立地质灾害早期识别、风险排序、监测预警、应急指挥等全覆盖的技术支撑平台和方法体系，实现从数据汇聚、数据管理、风险评价、监测预警、指挥调度、综合防治等全过程信息化、智能化和标准化管理；大坝强震集中管控系统实现流域地震监测集中管控和智能管控的全面升级，并与大坝运行安全监控联动耦合实现了地震工况下大坝监测成果自动计算分析和信息实时推送。

6.3　核心业务系统

6.3.1　水情气象预报系统

大渡河流域水情气象预报系统，通过对流域、江河、水库的降水、蒸发、温度、水位、流量及闸门启闭等要素信息的采集、传输、处理和预警，自动生成建议方案和信息发布。充分发挥产业管理的优势，实现流域、电站水文水情业务的综合管理。流域内各子分公司、电站之间数据共享，提升大渡河公司水电产业内协同分析能力。为水电站安全度汛、水资源的充分利用提供技术支持，保证电站的安全、优质和经济运行，提高流域水电综合管理效益。水情气象预报系统主要包括综合信息管理、预警管理、水情预报、气象预报与移动应用五大功能。

6.3.1.1 综合信息管理

1. 水情信息

从大数据平台接入水情自动测报数据，外部水情数据（水利部信息中心），展示水情数据；实现实时水雨情信息管理，时段水雨情信息管理等功能。

可实现典型的图形监视管理，具体包括：流域水情监视管理、水电站运行监视管理、关键测点数据变化管理、水库大坝前后的水位流量变化管理、弃水流量、闸门运行情况、水库与河道当前主要特征数据等。提供图形和表格两种方式进行数据监视和查询，并可进行组合查询。可根据数据类型的不同分别提供水情数据、机组数据、闸门数据的查询和监视，系统信息采用树形分层管理，以便于操作。能进行合理分区，并可根据不同的管理单位进行信息概括和综合，以便直观地反映整体情况。

数据处理包括数据的检查、重发控制、数据转换、存储控制、实时数据入库、常规数据处理、历史数据提取和水情应用数据处理等几部分，其中常规数据处理包括时段数据处理和数据统计。

水情信息包括单电站雨量信息、流域雨量信息、水位信息、水量信息、生态信息、生产指标信息、流域基础信息、积雪深度及温度信息、外部水情信息和综合水雨情信息。

2. 运行信息

运行信息包括：机组信息、机组出力信息、闸门运行状态信息、发电能力信息、流量信息、电量信息和环保信息。

从大数据平台接入水电生产运行信息，包括实时发电量、日发电量、主要现场设备运行情况（如闸门）、发电能力、负荷率和环保数据等；展示运行数据；提供机组实时出力、机组运行状态的图表查询，提供对单台机组号、电厂、指定起止时间的出力、发电量过程图形及表格显示；提供发电量信息的查询；提供机组可发出力的查询；提供机组特性曲线查询；提供基于矢量化平面地理图界面的多电厂发电数据监视，以及实际值与各类统计值、均值、极值的对比。

3. 气象信息

气象信息包括气象信息服务中心管理、城市站点24h逐小时预报信息、城市天气预报管理、天气实况列表管理、气象要素统计及对比管理、普通气象卫星云图数据、预报精度管理、雷达拼图管理和台风监测预报数据。

4. 图形子系统

图形子系统包括：监测信息管理、过程信息管理、列表信息管理、柱图信息管理、日常业务报表信息管理、统计报表信息管理、汇报报表信息管理、计划报表信息管理和图形子系统管理。

图形子系统由人机界面显示器、图元、控件、人机界面编辑器和用户接口组成，具有监视、查询、报表和分析画面，图形界面既可以展示实时动态数据图形，也可以图形、列表形式对历史数据进行综合分析比较，可制作位图为背景的流域或枢纽的监视图、过程曲线、柱图、数据查询和修改列表、网络监视、日常报表等多种适合水情、水调和防汛应用需求的画面、报表等，所有画面在权限允许范围内均可自行修改设置。

5. GIS 子系统

GIS 子系统包括 GIS 子系统管理和 GIS 子系统业务数据接口。

基于 GIS 实现水雨情、气象、发电等信息的实时监视、统计、分析和报警等功能。流域图、测站分布图、基于流域图的雨情查询、水位流量查询、电站水库管理与信息查询、省调及流域分区管理与信息查询等，查询的时间可任意设置，显示的图层可以添加或减少。平面地理图具有缩放、漫游、分区选择、查询项控制、查询时间设置、图层及数据叠加控制等功能。利用这些功能，能够方便地查看流域水系分布、系统站网分布、测站信息、水库电站信息和流域综合信息，可直观地查看流域降水量情况、各水位站的水位情况、各水文站的流量情况、电站出力情况、机组工作状态和远程通信网络状态等。对于降水量、气温、湿度等数据，同时提供等值线图输出功能。

6. 数据标准化管理

水情水文数据及编码标准化，数据传输标准化等相关标准化管理功能。提供相应标准化管理工具。

7. 数据采集与交换

与数据中心对接，实现不同类型的数据进行在线获取，并根据不同的应用需求对获取到的数据进行合理性校验，并进行报警；同时对于系统生成应用数据可实时传输至数据中心。

8. 数据全生命周期管理

对采集、传输、处理、存储和报送等整个生命周期内数据进行管理，可追溯和恢复数据。

6.3.1.2 预警管理

流域预警信息管理包括流域预警类别管理、流域预警指标体系管理、流域预警方式管理、流域预警事件管理和流域预警事件后评价。

流域雷电预警、流域暴雨预警、流域暴雪预警、流域台风预警、流域寒潮预警和流域大风预警等预警信息，对流域内下雨量、风速及风向等预警指标进行管理，并建立预警指标体系，及时推送预警信息或自动拨打电话，实现流域预警管理。

6.3.1.3　水情预报

1. 电站预警管理

电站预警管理包括电站预警类型管理、电站预警指标体系管理、电站预警事件管理、电站预警级别管理、电站预警方式管理、电站预警限值管理、电站预警信息管理、电站预警路径管理、电站预警记录管理、电站事件预警后评价管理和总调值班报警系统接口管理。

水情气象、弃水、水位、出力等实时预警。发电计划及进度、经济运行等指标预警。对系统运行状态发生变化或对未来系统的预测、设备运行监视与控制、调度员的操作记录等一切需要引起调度员和运行人员注意的事件均列入预警处理，提供灵活、方便的手段定义预警的发生及已经引发的后续事件，能控制预警的流向，并能对事件及报警记录进行管理。根据不同的要求，将预警分为不同的类型，提供画面、音响、话音、E-mail、值班手机等预警方式。预警方式、限值可随时在线修改。通过提供接口函数库方式可以让总调值班报警系统进行访问报警信息。

2. 洪水预报（短期水文预报）

洪水预报包括基础信息管理、通用模型管理、通用模型配置管理、洪水预报校正管理、水库控制流域精细化水文预报管理、流域水电站群来水预测管理、可视化预报方案配置管理和水文预报模型库。

根据洪水形成原理及运动规律，利用前期和现时的水文、气象等信息，并将数值天气预报与水文预报模型相耦合，使用标准产汇流模型（建立通用模型：新安江、API、陕北、融雪等产汇流模型、河道汇流模型）。参数全开放，用户可根据需要进行自定义配置。实现对水库控制流域精细化水文预报和流域水电站群来水预测。洪水预报功能还将提供可视化预报方案配置，灵活的软件架构，强大的交互功能。

3. 中长期来水预报

中长期来水预报包括中期预报管理、长期预报管理、超长期预报（水情展望）管理、预报类型管理、长序列径流指标管理、长序列径流分析管理、通用模型库管理、通用模型库配置管理、神经网络模型来水预报管理、门限多回归模型来水预报管理和组合预测模型来水预报管理。

以日、旬、月、年为时段对水库中长期平均入库（区间）来水进行预报，并实现对长序列径流资料的均值、极值和频率等指标进行统计分析，给出水库的中长期来水预报结果。针对流域的实际情况及预测所需资料获取的便利性，根据中长期水文预报的不同特点，建立通用模型（数理统计模型如人工神经网络、门限多元回归、支持向量机、组合模型），参数全开放，用户可根据需要进行自定义配置。

4. 精度评定

精度评定包括精度评定模型管理和精度评定管理。

提供多维加权下综合精度评定模型，实现预测结果精度评定。评定和检验预报方案的可靠性及预报值的精确程度，从而确定已建立的预报方案和采用的方法是否合理和适用，其精度能否满足生产的需要。了解和掌握方案的使用范围及预报值可能存在的误差大小，使作业预报人员合理应用预报方案，并使需要预报的单位能正确掌握用。

6.3.1.4　气象预报

1. 多时间尺度气象预报

多时间尺度气象预报包括基础信息管理、通用数据融合模型库管理、通用数据融合模型库配置管理、预报类型管理、短临预报管理、短期预报管理延伸期预报管理、中长期预报管理、超长期预报管理、组合预测模型气象预报管理、通用预报模型库管理、通用预报模型库配置管理、流域预报校正管理、长序列气象指标管理和可视化预报方案配置管理。

利用前期采集的实况气象资料和专业气象机构发布的气象预报产品，以小时、日、旬、月、年为时段对流域气象进行数值天气预报，建立短临、短时、短期、延伸期、中长期等标准气象预报模型（建立通用模型：统计降尺度、动力降尺度等）。参数全开放，用户可根据需要进行自定义配置，实现水库控制流域精细化气象预报。气象预报功能还将提供可视化预报方案配置，灵活的软件架构，强大的交互功能。

2. 气象预报精度评定

气象预报精度评定包括精度评定模型管理和精度评定管理。

结合气象行业内标准的气象预报评定办法，提供流域气象预报精度评定模型，实现预测结果精度评定。评定和检验预报方案的可靠性及预报值的精确程度，从而确定已建立的预报方案和采用的方法是否合理和适用，其精度能否满足生产的需要。了解和掌握方案的使用范围及预报值可能存在的误差大小，使作业预报人员合理应用预报方案，并使需要预报的单位能正确掌握用。

6.3.1.5　移动应用

实时将系统的信息按照制定的策略通知给用户，同时提供系统数据查询、订阅功能。移动应用以水库调度为应用对象、智能移动终端设备为硬件平台，具有界面友好、交互性强和查询方便等特点。移动应用面向水库调度专业的使用操作人员、技术保障人员以及其他人员，可以随时随地向用户提供水电站流域水雨情信息、水电站发电运行信息、流域气象水文信息、水库调度规程、基本水文水能特性等基础数据及实时或历史数据资料。

6.3.2　大坝信息综合管理系统

大渡河流域大坝安全信息综合管理系统遵循"先进、可靠、实用、经济"的原则，基于现代信息技术、计算机技术、通信网络技术和坝工技术，实现库坝安全综合信息管理数字化，信息采集与处理实时化，安全分析与评价专业化，实现业务系统统一、信息集成集中、风险自动识别、智能决策等高效管理，全面提升库坝安全科学化管理水平。系统主要功能包括综合管控、技术管理、数据采集、数据查询、图形绘制、资料整编、在线监控、风险预警以及系统管理，其中在线监控、风险预警功能在"大坝运行安全风险在线监控系统"进行设计开发，大坝信息综合管理系统开发时要求预设这两项功能。

6.3.2.1　综合管控

1. 大坝安全风险监控

大坝安全风险监控包括预警等级、预警信息、异常信息和视频监控信息展示。实时呈现管辖水电站大坝安全重要监控指标，如扬压力、变形量和渗流量等，可根据具体的坝型与设计监控重点定制显示。

2. 水库大坝地震监控

此监控包括大坝强震监测和微震监测。强震监测具有地震震级、震源和烈度的动态监控和报警功能。微震监测能够根据微震事件检索到可能发生破坏的空间位置。

3. 大坝安全运行管理

该监控包括大坝台账管理、大坝定检、大坝注册（含备案）、水工技术监督等，可对大坝安全管理主要技术指标进行统计。问题整改完成情况、缺陷管理情况（缺陷统计、完成率）、巡视检查、监测情况（包括监测数据统计、设备完好率、采集缺失率、平均无故障时间等指标）。

4. 大坝分布图

基于地理信息可显示大坝分布，图标颜色根据预警等级赋色，实时动态更新大坝安全运行性态，可通过图标单击进入大坝详细信息页面。

6.3.2.2　技术管理

1. 重要事项

重要事项包括今日任务提示、重要信息提示、待测提醒和报警信息功能。

2. 缺测统计

缺测统计具有缺测信息统计及查询功能，可选择任意时段进行缺测信息查询，并可将统计结果以 Excel 格式导出。

3. 缺陷管理

可选择不同电站详细填报设备缺陷；可根据条件选择想要查询的缺陷。包括查询已完成消缺或正在消缺的工单信息，实现对不同电站，不同缺陷的实时跟踪和统计。同时，根据所需查询的缺陷，可对缺陷进行统计并以 Excel 格式导出。

4. 任务管理

任务管理具有监测相关工作任务的下发、处理、结束功能，实现任务的闭环管理。可与班组观测人员信息相互关联，每日将次日的监测工作发送至相关人员手机上，包括监测任务、作业组长、小组成员、需准备的工器具等。

5. 设备管理

设备管理包括监测设备管理、备品备件管理。帮助企业合理规划设备采购和使用，提升企业生产设备的使用效率，节约费用产生效益。监测设备管理可记录其安装部位、安装投运时间、故障次数、维修情况，实现对设备设施的全生命周期管理；备品备件管理可记录其详细规格型号、应用场景、备品数量、有效期限，具备提醒补充功能。

6. 水工技术监督

水工技术监督包括对标管理、定检管理、注册（备案）管理、安全鉴定管理。

7. 信息报送

通过系统信息共享接口，实现对外信息报送功能，主要包括大坝监测信息、防汛信息等对外信息报送，电力行业主管部门、水利行业主管部门形成无缝衔接。包括电力行业主管部门报送管理、水利行业主管部门报送管理、上报主管单位业务平台报送管理。

6.3.2.3　数据采集

1. 智能测站

智能测站支持现地和远程两种模式进行数据采集、数据提取。实现全智能化无人值守的变形监测，完成大坝变形监测数据智能采集、实时传输、安全存储、智能分析处理、远程查询，紧急命令插入执行等功能，为大坝的安全运行决策提供实时、高效、真实的基础数据。

2. 内观监测

内观监测具有多厂家、多类型大坝安全内观自动化监测设备的远程控制、数据采集（巡回测量、选点测量、选箱测量）、测点单检等多种功能；能够实现内观自动化数据的接入配置与主动获取；具有对内观自动化监测设备历史测量数据查询、测点通信检查等功能。

3. GNSS 监测

GNSS 监测具有多厂家 GNSS 变形监测设备数据实时解算、实时数据提取、实时查看在线状况功能。可实现从数据采集、传输、管理到变形分析及预报的自动化，达到远程在线网络实时监控的目的。

4. 地震监测

地震监测对已投运的地震监测系统（强震系统、微震台网），实现地震的震级、烈度实时获取、预警，并且对大坝损伤部位进行捕捉。

5. 微芯监测

微芯监测具有多种微芯监测设备的监测数据实时提取、远程控制采集功能。微芯装置传感器所采集到的数据通过无线通信传送到平台，平台把收集到的数据进行运算，再将结果通过手机通知相关部门，从而实现自动化监测。

6. 测斜监测

测斜监测具有自动化测斜设备远程控制采集、数据实时提取功能。相当程度上减少因人工监测而造成人力和时间的消耗，同时保证测量精度。

7. 状态监控

状态监控具有各类大坝安全监测设施、设备、系统运行状态的监控数据实时提取功能，能够实现随时对大坝进行体检，保证大坝及库区的安全稳定运用。

8. 视频监控

视频监控具有实时查看大坝安全监测系统布置的视频监控实时传输影像功能，可实时调整监控设备角度、焦距等，实现监控区域全局与重点部位的视频远程监控。

9. 人工监测

人工监测数据录入和数据导入，通过选择测量时间和测点，可单个数据人工录入或 Excel 表格批量导入；支持增加、删除、修改、下载等多项操作。测值比测可进行人工和自动数据的多类型比较。

6.3.2.4　数据查询

1. 监测数据

通过不同的导航方式查看监测数据，可以设置显示分量（原始量、中间量、录入结果和计算结果）、测值类型（普通观测、加密观测和汛期等特殊工况观测）、采集类型（人工和自动化）、测值状态（正常、异常、错误和未判定）和审核状态（未审核、通过和未通过），并且可选择任意时段将查询的结果导出为Excel、TXT 等格式文件。

2. 巡视检查

可查看人工录入巡检成果或基于 NFC 的数字化巡检成果，了解审核状态（未审核、通过和未通过），补充巡视检查过程中的照片等。并可将查询的结果导出为 Word、PDF 格式文件，具备对巡检内容的修改、删除功能。

3. 测值统计

可根据需求查询统计值，包括统计项目下任意测点（单个或多个）、任意时间段的最大值、最小值、最大变幅、最小变幅及相应特征值出现的时间等信息；可以统计测点和分量的时段特征值、年度特征值、月份特征值、极值出现、尾首测值等；支持筛选、编辑及多种格式的导出。

4. 强震数据

强震数据包括不同级别的地震烈度、峰值加速度、波形图、震源位置及深度等信息；并向波及范围内大坝发出安全预警。具备新增、修改、查询、下载等功能。

5. 微震数据

连接地震数据、台网运行率，显示微震的波形特征及其频谱特征，并可导出文件，具备新增、修改、查询、下载等功能。

6. 图形查询

基于矢量点绘制标记的测点布置图、分布图，支持查询的同时对数据实时更新，可展示监测点整体布置情况及实时监测数据，更加直观地表示各个测点位置和关系，可进行放大、缩小。

7. 日志查询

查看所有的系统操作日志，包括操作人员、时间、操作内容以及详细说明，便于查询不同用户对系统的使用状况，具备新增、修改、查询、下载等功能。

6.3.2.5 图形绘制

1. 过程线

可添加任意监测项目的任意测点过程线，并可增加环境量过程线。过程线显示时，环境量时间横坐标可根据需求选择在上方或者下方，数值以柱状绘制。可同时显示多个测点测值，根据用户需求，可在查询数据同时显示测值过程线，过程线以及线条中的点应与测值表中测点和测值数据联动，具备新增、修改、查询和删除等功能。

2. 分布图

不同坝型所需的分布图可能有差异，但分布图生成的模板按照不同监测项目、不同部位、不同断面等绘制模式基本一致，包括变位沿高程分布图、变位沿坝轴线分布图、渗压分布图、位移分布矢量图等多种类型。

3. 测斜图

测斜图一般以分布图的形式竖直绘制，可实现多个测次数据绘制在一个图中，进而观察结构体发生倾斜变化的过程，以便结合实际分析变形原因，及时做出防护或预警。具备新增、修改、查询、下载等功能。

4. 浸润线

根据渗流监测数据，绘制土石坝工程断面浸润线，确定浸润线位置，为判断坝坡抗滑、抗渗能力提供依据。具备测点新增、修改等功能，可下载图形。

5. 相关图

相关图生成模板可考虑与多因素环境量相关，允许用户选择相关因子和设置因子的滞后程度，从而衡量多个变量因素之间的相关密切程度。

6.3.2.6 资料整编

1. 表格设计

表格设计具有定制报表测点、时间格式、分量、环境量、取值方式、测点数目等功能。根据用户需求，可选择使用标准整编表格或定制表格，定制表格可保存在服务器上，用于日常使用。

2. 图形设计

图形设计具有编辑线条属性、取值方式、图幅属性等功能。根据用户需求，通过设置线条属性、取值方式、图幅属性、坐标轴等方式制作需要的图形。

3. 资料整编

从管理结构角度，报表种类分为集团报表、分子公司级报表、厂级报表，按三级层次配置报表预览结构。从统计周期角度，报表种类包括日报、月报、季报、年报等。根据用户需求进行模板编辑，并提供定期报表的汇总、查询、编辑功能。可以进行个性化数据组合，生成多样化报表，并且以 Excel 或者 Word 文档的形式一键导出。可设置报表中的测点名称、时间格式、分量、环境量、取值方式、统计函数等信息。

4. 整编成果

整编成果具有年度整编、月度整编及临时整编相关报告等文件的查看、下载功能。

5. 报告生成

报告生成具有系统预制与定制化报告的快速生成功能，可新建、修改报告模板，按照规范的要求提供方便的整编功能，可生成 Word、PDF 格式报告。

6.3.2.7 在线监控

1. 数据评判

数据评判具有对入库监测数据和巡视检查信息及时性、有效性检查的功能。具有监测数据异常识别和大坝运行性态自动评判的功能。

2. 监控设置

监控设置具有设置和调整大坝监控内容、监控方法的功能。

3. 数据报送

数据报送具有向国家能源局大坝安全监察平台实时报送监测数据、汛情数据、巡视检查信息等功能。

6.3.2.8　风险预警

1. 预警信息发布

预警信息发布具有通过短信、App、邮件、微信等多种方式实现预警信息发布功能，可审核、编辑、发布预警信息，提供预警信息对应的建议处理措施。

2. 应急联动响应

应急联动响应包括加密监测、视频监控、巡视检查、应急评价四大功能。

（1）加密监测可根据预警响应等级自动启动加密监测任务或通过手动启动加密监测任务，可对加密测点进行增加、删除等编辑。

（2）视频监控可侦测监控范围内异常变化，自动触发异常追踪和录像留存功能。

（3）巡视检查预警响应后，可触发人工巡检、无人机巡检任务下发，二级公司或厂站单元根据指令开展工作。

（4）应急评价功能对应急事件处置过程进行总结评估，形成应急预警的闭环管理，且形成知识库，为辅助决策做好基础支撑。

3. 预警信息设置

预警信息设置具有预警标准配置、预警等级评判规则配置以及预警信息推送规则配置功能。

6.3.2.9　系统管理

系统管理主要对系统后台、用户权限以及相关参数等进行管理，主要包括系统设置、测点管理、导航设置、计算公式、监测仪器、水工编码、系统升级等功能模块。

6.3.3　地质灾害预测预警系统

地质灾害预测预警系统建立了多渠道汇聚的库岸边坡及地质灾害信息大数据资源池，实现了数据汇聚、数据管理、风险评价、监测预警、指挥调度、综合防治等全过程信息化、智能化和标准化管理，形成了边坡及地质灾害早期识别、风险管控、监测预警、应急指挥和联动响应等全覆盖的技术支撑平台和方法体系。系统主要功能包括综合管控、数字地球、信息管理、灾害识别、设备管理、监测数据、风险预警、决策支持、系统管理、地灾监测 App、应用服务。

6.3.3.1　综合管控

为平台关键信息的监控界面，主要有风险预警、设备状态、风险排序、异常信息、预警信息、视频监控等。

1. 风险预警

显示目前管控库岸边坡四级预警数量及详细的预警信息，直观了解到库岸边坡的预警现状。

2. 设备状态

显示当前管控地质灾害专业监测点建设数量、设备类型以及状态统计。

3. 风险排序

依据地质灾害风险排序模块自动计算所有地质灾害隐患点的风险值，显示管控地质灾害隐患点风险排序结果。

4. 异常信息

展示地灾边坡监测数据异常的具体信息。

5. 预警信息

展示当前预警监测点的具体情况，包括预警阈值、监控值、预警等级、监控曲线。

6. 视频监控

设计开发了库岸边坡视频监控集成接口，可从该窗口查看视频监控。

6.3.3.2 数字地球

数字地球模块主要以三维地球为基础显示监测点的实时定位，包括地图底图模式切换、测量距离、测量面积工具、三维漫游等常用的 WebGIS 功能。

1. 基础功能

基础功能包括定位、测量距离、测量面积和卷帘等。

2. 三维漫游

在漫游设置中设置飞行高度及飞行速度，之后点击绘制路径，在地图上单击以确定漫游路径，以双击地图结束。设置好后点击开始，视角便会沿着所绘制的路径开始漫游，可查看绘制路径沿线地质灾害分布、地形及地图信息。

3. 地图切换

可以任意切换地图和卫星模式，如天地图（矢量、影像、地形）、Google 地图（矢量、影像、地形）、ArcGIS 卫星图等。

4. 三维地形

切换不同数据源地形信息，展示三维地形。

5. 专业图层

应用 DEM 和影像数据生成三维地图基础图层，叠加点、线、面等 GIS 图层及三维模型、三维标注、三维线和多边形等空间数据。面向不同层次的用户或专题，对图层进行分组。为指定的用户或用户组选择可以访问的图层或地图组。图层可以根据其自身坐标信息自动贴合在数字地球表面。基础图层包括管辖边坡分布图、行政区划图、地震分布图、地质图、断层图、地质灾害隐患分布图、INSAR 成果图等。专业图层包括边坡三维模型图、测点布置图等。

6.3.3.3 信息管理

信息管理模块主要有重点关注边坡安全监测边坡、地质灾害详查数据、地震信息管理、水情气象信息管理和专业图层管理等多类型数据管理。

1. 重点关注边坡

根据用户个人设定，可收藏主要关注的重点安全监测边坡，当登录系统后，可优先展示这些专业监测点。

2. 安全监测边坡

查看目前所建立的专业监测项目详情信息，可根据行政区划、二级公司、电厂等方式进行筛选查看。管理员用户可对专业监测项目进行编辑修改。

3. 地质灾害详查数据

地质灾害详查数据包含地灾信息查看、地灾信息管理、筛选查看和统计分析。全部位于"基础数据"模块下"地质灾害详查数据"下。查看目前查明的所有地质灾害隐患点详情信息，可根据行政区划、二级公司、电厂等方式进行筛选查看。管理员用户可对地质灾害点详情信息进行编辑修改。

4. 地震信息管理

查看实时与历史地震信息，可根据时间进行筛选查看，同时能定位至三维地球中。

5. 水情气象信息管理

查看实时与历史水情、气象信息（水位、流量、流速、降水等），同时能定位各个水情、气象信息采集点位置至三维地球中。

6. 专业图层管理

可编辑与查看平台中所建立的区域地质、地理等信息、单体地质灾害正射影像、InSAR、LiDAR 等成果图层及无人机航拍三维模型。

6.3.3.4 灾害识别

灾害识别模块是应用地质灾害早期识别的"三查"体系，融合高精度光学遥感、星载 InSAR、无人机摄影测量和机载 LiDAR 等多源传感器进行空天地立体观测，利用各技术优势分层次从大到小、精度从低到高、工作从粗到细的原则逐步实施，实现地质灾害精准识别。

1. 无人机

无人机利用高分辨率相机对测区进行航拍，然后对得到的高分辨率影像进行分析研究，通过 GIS 技术来解译并提取出测区的地质灾害情况，通过数据处理生成精细化三维模型，从而全面、系统的得知测区内已经发生的地质灾害和存在地质灾害隐患的点，查明地质灾害分布特征与危害程度。无人机的使用可以为地质灾害调查提供动态信息，使评估更加高效、准确，并且其在地质灾害调查中使用可以有效地提升调查效率。无人机监测管理平台包括成果数据管理、核查数据管理和核查数据查询功能。

2. InSAR

采用 InSAR 技术，利用覆盖区域不同时期的历史存档 SAR 影像进行干涉处理，可以获得整个覆盖范围内与成像时期相应的沉降位移数据，监测精度可以达到毫米级，满足对蠕动灾体监测的精度要求，尤其是解决大面积的滑坡、崩塌、地表沉陷和塌陷等地质灾害的监测预报。InSAR 监测管理平台包括成果数据管理、核查数据管理和核查数据查询功能。

3. LiDAR

激光雷达测量（LiDAR）基于激光测距原理和三维激光扫描方法，通过记录被测目标地区地面高密度点云的三维坐标、反射率和纹理等信息，快速复建出被测目标的三维模型及线、面、体等各种图件数据，通过对比同地区不同时间序列测量成果，得出该地区地面位移变形，通过接入 LiDAR 监测数据，为地质灾害分析提供精细化的分析依据。LiDAR 调查模块包括成果数据查看、调查数据管理、调查数据查询等功能。

6.3.3.5　设备管理

设备管理主要包括监测设备状态、监测设备管理、监测维护管理等。主要是针对不同厂商、不同类型的监测设备，通过 HTTP 和 MQTT 协议，将专业监测数据传输到系统数据库进行存储和管理。

1. 监测设备状态

监测设备状态能够清晰地展示当前监测设备以及监测点的详细信息，方便用户快速查看监测点以及监测设备的具体位置。同时设备总览以监测设备树与地图相结合的方式展示系统中当前用户所辖区域下的监测点、监测设备分布情况，能够清晰地显示监测设备的类型以及设备的使用状态。监测设备总览可以查看监测设备编号、监测设备类型、设备状态、故障天数和传输方式等信息。

2. 监测设备管理

监测设备管理包括缺测提醒管理、RTU 信息管理、设备维护管理。

6.3.3.6　监测数据

1. 数据采集

数据采集是采用自动接入自动化监测设备实时监测数据模式，可实时查看监测数据详情。

2. 数据录入

数据录入主要针对人工采集数据，采用人工输入及外部导入两种模式。

3. 数据查询

查看各个专业监测点实时及历史监测数据，筛选查看各个监测设备详情信息以及数据的统计分析：

（1）单点数据曲线：可以在页面中重新选择时间段，重新绘制曲线或者导出数据。将鼠标移动到监测曲线上，会显示鼠标处的监测时间与监测值。按住鼠标左键然后拖动，可以局部放大所框选时间段的监测曲线。图形结果可导出，应用于报告生成、成果展示。

（2）多点数据曲线：勾选需要进行数据对比的监测仪器，然后点击数据对比按钮，打开数据对比页面。在页面中，点击＋按钮，添加对比监测时间。选择多期要对比的时间以后，点击绘制曲线按钮，根据所选择的时间段绘制监测曲线。可以通过此功能进行监测数据的同比、环比等对比，了解监测部位的监测内容变化情况。图形结果可导出，应用于报告生成、成果展示。

4. 数据统计

统计所选择周期内边坡变形最大测点、统计值以及发生时间。

5. 报告报表

根据需求，监测报表管理主要对专报、日报、旬报、月报、季报、半年报、年报的管理维护，包括查看、新增、删除等。

根据系统中的数据自动统计，监测报表模板可以是按照年月日统计各级别管理单位下的监测数据量、监测设备数量、设备名称、设备类型、设备状态和预警信息等进行统计，为生成专报、日报、旬报、月报、季报、半年报及年报提供基础数据信息，根据各报表的实际要求设定统计条件从而获取相应的报表信息。

6.3.3.7　风险预警

1. 风险排序

可查看各个灾害点属性详情、易发性值、危险性值、易损性值、风险值、排序结果及评价模型的管理功能。

2. 气象预警

平台实时接入气象数据，并通过对气象数据的雨量等值线、实时雨量监测等查看，结合过程降水量、预报降水量以及地质灾害易发性条件对造成的地质灾害气象风险进行分析，生成预警结果。

3. 单体预警

单体预警是实现斜坡地质灾害危险性等级计算及自动化发布预警信息的基础，反映到系统中，就是预警模型的管理以及监测点阈值的管理。单体预警包括预警模型管理、编辑预警模型、添加预警模型、删除预警模型、阈值查看等功能。

4. 预警成果

气象预警成果：对于计算完成的预警结果可以进行浏览查询，可以通过计算时间、行政区划、二级公司、电厂等条件来进行筛选。可以查看预警结果计算时间、编辑时间、发布状态、发布方式以及查看结果详情。预警成果包括预警结果图、数据列表、发布方式、预报词等。

单体预警成果：监测预警是在预警模型的基础上，根据实时监测数据和相关阈值设定，综合分析地质灾害的预警等级，并进行综合展示的模块。用户可以根据行政区划、灾害点编号、灾害点名称来进行筛选灾害点预警结果。

列表显示有预警等级计算结果的地质灾害点，根据其危险程度，划分为注意级（蓝色）、警示级（黄色）、警戒级（橙色）、警报级（红色）共四个等级，分别对应代码 C1、C2、C3、C4。

5. 预警发布

预警短信：采用短信的形式发布预警信息，信息的发送状态可以在预警信息页面进行查看。可以根据手机号码或者责任人姓名进行查找筛选。

预警邮件：采用邮件的形式发布预警信息，信息的发送状态可以在预警信息页面进行查看。可以根据邮箱号码或者责任人姓名进行查找筛选。

手机 App：与开发的地灾监测 App 相配套，一旦产生预警，手机 App 将自动同步推送预警信息。

6.3.3.8　决策支持

1. 灾害模拟

灾害动态模拟需要在 Web 三维环境中，叠加二维、三维基础测绘数据，监测数据，高精度的地形数据，结合灾害区域内的岩性、构造等复杂地质数据，根据堆积层灾害发生的危险区域，采用最新的数值流体的运动理论，建立灾害发生、流动、泛滥的物理模型库建立合理的三维动态数值分析方法，预测滑坡的发生及灾害波及破坏力，动态模拟灾害发生过程。根据灾害模拟过程，制订处置电子预案，用于指挥辅助决策。灾害模拟分灾害模拟模型库、灾害动态模拟参数设置、灾害模拟计算与灾害模拟信息展示等功能。灾害模拟包括灾害模拟模型库、灾害动态模拟参数设置、灾害模拟计算和灾害模拟信息展示等功能。

2. 预警联动

系统可将险情信息传送至灾害现场并发布相应指令至灾害现场"智能管控设备"，设备根据指令自动实施相应的风险管控措施，例如自动断道、自动播报险情等。

6.3.3.9　系统管理

系统管理主要包括个人管理、权限管理、用户管理和日志管理等功能。

6.3.3.10　地灾监测 App

1. 野外调查

野外调查包括 GIS 基本功能、地质灾害核查、调查数据采集、查询统计。

2. 监测信息

同步 Web 端系统平台监测数据与预警信息，在系统中可快速处置预警信息，对预警信息进行快速反馈。

3. 报告报表

可以自动生成报告报表，便于导出供工作人员使用。

4. 用户反馈

工作人员使用 App 期间，可随时反馈应用功能存在的缺陷或者需要优化升级的部分，便于 App 应用功能的改进。

6.3.3.11　应用服务

该模块为平台的后台服务，为平台监测预警的核心支撑。

1. 多源异构数据集成

地质灾害监测设备的类型多样，并且数据的采集、传输、存储都存在一定的差异。为了实现对多源异构监测数据的实时集成，通过建立地质灾害监测数据编码规范体系，针对符合 MQTT（Message Queuing Telemetry Transport，MQTT）协议标准的监测设备，定义各类监测数据的封装标准与无线传输协议，为各类监测设备、监测数据的统一集成提供了数据标准，实现监测设备的即插即用，形成地质灾害多源异构监测数据集成体系。平台维护简单，无须维护各个厂家的数据解算软件，统一数据标准，数据实时入库。通过制定数据接入协议标准，规范不同厂家的监测设备数据接入方式，最终将不同厂家的监测数据按照统一标准接入监测数据库。为前端管理和数据分析、展示，提供数据服务和相关应用服务。

2. 地质灾害实时预警

时间驱动和数据驱动具有各自的优势，在实际的预警应用中，无法完全用数据驱动代替时间驱动。由于在数据驱动模式下，虽然无数据的时候不会启动预警，可以节省计算资源，但一旦有监测数据接入，就会启动预警计算，特别是一些采样频率很高的监测设备，这时频繁的预警计算会消耗大量的计算资源，因此，为节省计算资源、避免数据拥堵，本系统预警模型调度策略如下：

（1）状态量数据采用数据驱动模式。由于状态量数据的预警只需将监测数据和阈值进行比较即可，且每条数据都有可能包含监测对象的异常信息，因此不能采用时间驱动的方式进行调度。

（2）雨量数据采用时间驱动模式。由于基于雨量的预警模型主要是对历史雨量数据进行分析，得到一场雨的累计雨量、雨强等参数，无法通过数据驱动来进行实时计算。

（3）针对位移数据，如果滑坡处于稳定状态，则采用时间驱动模式，否则采用数据驱动的模式。

时间驱动时，在本次预警计算时，针对某套监测设备而言，如果距离上次预警结束后，没有新的监测数据进入系统，那么本次预警结果和上次预警结果就是一样的。这个时候可以自动跳过该监测设备的预警计算，这样一来，可以极大地减少数据库的访问次数和计算任务量，从而节省预警时间。

3. 预警信息实时发布

为快速获取地质灾害的预警等级结果，结合预警模型的相关算法，开发预警任务分配调度管理器，构建多线程预警计算框架。根据预警任务量、计算节点资源和预警耗时等指标，构建智能预警策略，将预警任务动态分配到各个线程，通过异步锁机制，实现各个线程间的数据共享与通信，保障线程的数据安全，同时基于 Redis 高速缓存缓解中心数据库的读写压力，实现分布式计算，极大地缩短一次完整预警所需的时间，满足大规模地质灾害实时监测预警应用场景的性能需求。

预警信息的发布也需要制定相关策略，控制预警短信发送的频率，避免短信接收人频繁收到预警短信而产生垃圾短信，反而达不到预期的预警效果。相关策略见表 6.1，其中"预警等级提升"规则的优先级最高，即只要预警等级较上次增加，则不管其他条件是否满足，都要发送预警信息。

表 6.1　　　　　　　　　　　　　预 警 信 息 发 布 策 略

序号	规　　　则	优先级
1	预警等级提升	1
2	速率增量≥5mm/d	2
3	累计位移增量≥10mm	2
4	据上一次发送预警短信时间超过 1 天（仅满足这一条件时，只给管理员发送提示性短信）	2
5	短信接收者当天收到的短信量≤5 条	3

6.3.4　大坝强震集中管控系统

大渡河流域大坝强震集中管控系统接入了整个流域管辖大坝强震数据和水库微震台网数据，实现了集中智能管控。大坝强震集中管控系统主要包括强震实时处理、强震分析预警两大主功能模块。强震实时处理模块负责强震测点数据汇集、实时接收处理、自动触发报警、存储和管理，具有自动强震分析、自动计算峰值加速度、卓越频率、反应谱、功率谱计算、报表导出等功能；强震分析预警模块具有自动生成报表及下载，短信发送等功能，并能够在异常情况下实现人工校对和复核。

6.3.4.1 强震实时处理

强震实时处理系统（CSDP-RTP）是专门为大坝和桥梁等结构建筑物强震动监测设计的专用处理软件，可完成实时数据汇集接收、存储、事件检测和自动处理任务。CSDP-RTP 系统常用于水库微震监测，水库大坝、建筑结构强震动监测台网实时数据汇集及自动处理及系统运行状态监视。

1. 实时波形数据汇集

实时波形数据汇集功能包括实时波形数据接收和实时连续记录波形数据。其中实时波形数据接收包括从 EDAS 系列地震数据采集器获取波形数据；从具备 SEEDLINK 协议的数据采集器获取波形数据流；从 CSDP-RTP 波形数据服务器获取波形数据流；从 JOPENS 服务器获取波形数据流。实时连续记录波形数据功能将获取的数据进行自动保存，实现自动化存储数据。

2. 自动地震事件检测与处理

自动地震事件检测与处理功能主要包括微震地震事件自动处理和强震事件自动检测。其中微震地震事件自动处理包括：地震事件自动检测，对检测到的地震事件进行自动分析定位、自动生成事件文件。强震事件自动检测包括：对检测到的强震事件自动计算参考烈度值、自动生成强震事件文件。最后系统将烈度计算结果储存至强震数据库，生成 Excel 格式报告文件。

3. 数据服务与共享

数据服务与共享功能主要包括内置波形数据服务器和内置监控服务器。其中内置波形数据服务器可接收上传的实时波形数据、提供波形数据流服务；内置监控服务器可接收上传的台站和软件系统运行状态信息、人工和自动地震定位信息，并提供上述数据的下载服务。系统还支持存储监控信息到监控数据库，以及从地震系统 EQIM 服务器自动获取地震速报信息。

4. 系统运行状态监视

系统运行状态监视功能主要包括自动统计存储台站通信状态和系统运行状态监视，以及提供自动波形数据文件管理服务。其中自动统计存储台站通信状态能实现实时显示波形数据流；系统运行状态监视可动态显示每个台站的工作状态及烈度计算结果。

6.3.4.2 分析预警

分析预警功能将大渡河流域大坝强震监测信息集成集中，实现大渡河流域地震信息集中管控、数据处理、预警响应等功能。强震分析预警功能在原有的 CSDP-RTP 强震实时处理基础上，实现了实时监测测点加速度波形，自动触发、自动截取波形记录，自动分析等软件的智能化，能够自动进行地震触发波形烈度、加速度、持续时间等分析。在以上资料的基础上能生成丰富的监测信息或报告，包括专业分析报告、报表、图形等。强震分析预警模块主要功能包括地震实时监控、地震数据实时分析、地震监测成果实时发布等，系统自动生成的报表包含 24 小时 PGA、每周和每月日最大 PGA、最大反应谱值、主频、PGA 和主频变化曲线、异常值说明等，系统软件还能够将地震监测分析成果实时推送至大渡河流域大坝运行安全管控平台。

7

大渡河流域大坝运行安全风险在线监控系统

7.1 系统架构与主要技术指标

7.1.1 系统建设背景

纵观国内外大坝失事原因，除设计、建造与超标极端环境外，对大坝安全性态智能感知与预警不足以及安全监管缺位等也是导致溃坝事故的主控原因之一，迫切需要全面提升大坝运行安全在线监控水平，以确保大坝长期安全高效运行。

每一座大坝从建成之日起，其工程性态均随时间和环境动态变化，如何实时、高效、科学地进行水电站大坝运行安全管理，是流域梯级坝群亟待解决的关键技术问题。大渡河流域梯级水电站规模巨大，水库大坝赋存地形地质与气象环境复杂，梯级坝群运行安全管控难度大。为了进一步优化大坝运行安全管理模式，提升大坝安全管控科学化水平，国能大渡河公司于 2014 年启动了大渡河流域水电站群库坝安全信息综合管理系统建设，以集中管理库坝安全多源数据，有效提高库坝安全管理的工作效率为目标。2016 年，公司启动了大渡河流域大坝安全风险在线监控系统方案设计，提出了以自动预判、自主决策、自我演进为典型特征的大渡河流域大坝运行安全风险管控体系。为实时掌控流域梯级坝群运行安全性态，实现库坝安全快速预报预警及响应处理，全面提升库坝安全管理科学决策水平和安全保障能力。2017 年，以大渡河流域大坝信息综合管理系统平台作为基础，建成了大渡河流域大坝运行安全风险在线监控系统，龚嘴、铜街子、瀑布沟、深溪沟等大坝相继上线运行。

大坝信息综合管理系统平台实现了统一数据标准环境下的大坝安全监测信息集控管理，具备监测数据采集传输、存储、整编分析、信息发布等功能，并提供了良好的用户交互与接口界面。大坝安全风险在线监控系统侧重于大坝安全性态的在线诊断、评判及预警反馈。为避免重复建设，其开发平台与数据库系统与已有平台保持一致，系统编程语言采用 C♯，开发采用跨平台框架 NET

Core，数据库采用大渡河公司云存储使用的 Oracle 数据库平台。

7.1.2 系统性能指标

大渡河流域大坝运行安全风险在线监控系统建设充分考虑实用性、高效性、可靠性、先进性、可扩展性、可维护性、可移植性、可恢复性和安全保密性等性能指标。

1. 实用性

系统既能处理大坝安全在线监控日常事务，又能处理突发性的大坝安全事件等紧急事务。同时，应符合大渡河公司大坝安全管理的特点和业务要求，界面友好简洁、操作简单方便、信息展示形象直观、实用性强。

2. 高效性

在正常情况和极限负载条件下，能够处理不断增加的访问请求，并在一定资源的条件下，选择合理的设计方案，设计较优的算法，力求响应速度快捷，具体有良好的响应性能，以满足用户的要求，其中系统效率主要指标有：

（1）CPU 正常负荷：≤30%。

（2）CPU 活跃负荷：≤50%。

（3）内存占用量：≤50%。

（4）数模分析计算时间：≤2min。

（5）周转时间（批处理作业的速度）：批量入库≤30min；批量后台数据处理≤5min。

（6）响应时间（对交互操作的应答速度）：一般操作≤1s；复杂操作≤3s；批量查询统计、报表制作≤30s；数据库并发数量≥50 人。

（7）吞吐量（单位时间系统完成作业数）：访问人数≥200 人/h；请求次数≥1000 次/s；单个客户端录入数据≥500 条/s；处理业务数≥500000 个/h。

3. 可靠性

系统具有稳定可靠性能，能够经受长期的运行考验，保证信息采集、传输、存储和查询的正确性与完整性。

系统有较好的检错能力，保证系统出现故障时能很快排除，产生错误时能及时发现或进行相应的处理，并在错误干扰后有重新启动的能力。采用冗余、软件复杂性控制、软件在线自检等技术提高系统可靠性。同时对异常情况出现后的系统运行平台以及数据的恢复问题，采用较先进的技术，在保证数据恢复正确的前提下使系统能正常运行和操作，不影响日常办公工作。

系统运行过程中要求有故障日志系统软件，系统运行的网络环境要稳定、可靠。具体指标主要有：

（1）年平均无故障工作时间（MTBF）：≥8500h。

（2）年平均故障修复时间（MTTR）：≤0.5h。

4．先进性

软件开发符合计算机软件技术的发展潮流，采用技术领先的系统平台和框架体系以保证系统的先进性。

5．可扩展性

系统建设充分利用水利水电行业和信息行业的各种标准和规范，数据库、报表等内容和格式与国家和行业部门制定的规范保持一致。为提高系统的生存期和投入效益，系统建设考虑监测站点的增容、用户的增加、功能的扩展、数据的进一步共享、公众信息服务的扩充等多方面，并预留开放的接口，确保系统具备良好的可扩展性。

6．可维护性

系统具良好的可维护性，通过建立明确的软件质量目标和优先级、使用提高软件质量的技术和工具、进行明确的质量保证审查、健全程序的研发文档等多方面工作来提高系统的可维护性，提高代码和模块的复用率，在不影响系统正常运行的条件下，允许修改已有代码和模块或新增功能模块。

7．可移植性

系统支持 SQL Sever、Oracle、DB2 等数据库的快速移植和部署，以及支持在 Windows、UNIX、Linux 等操作系统中的快速移植和部署。

8．可恢复性

系统具备本地备份、异地容灾等备份机制，系统出现故障时，能在 2h 内恢复正常使用。

9．安全保密性

系统在安全的网络环境中供授权用户使用，系统数据均进行远程的容灾备份，数据传递经过严格的加密处理，并进行必要的认证。

7.1.3 系统总体架构

大渡河流域大坝运行安全风险在线监控系统研发基于其大坝信息综合管理系统平台，其核心功能主要包括信息智能感知、数据异常在线辨识、安全风险实时管控、安全风险预警响应等。系统业务根据需求进行独立拆分，采用面向对象的微服务模式，服务方式与现有流域大坝安全信息平台保持一致，采用 WCF（Windows Communication Foundation）服务方式，支持 HTTP、TCP、Named Pipe、MSMQ、Peer-To-Peer TCP 等协议。服务进行分布式部署、追踪，信息采用多接口协议进行交互，前端采用 VUE 架构，支持平板、计算机、移动端。系统采用分布式架构以减少对已有数据服务的影响，并采用异步通信方式解决服务调用时序、交互问题，从而确保系统的健壮性和灵活性，系统总体架构如图 7.1 所示。

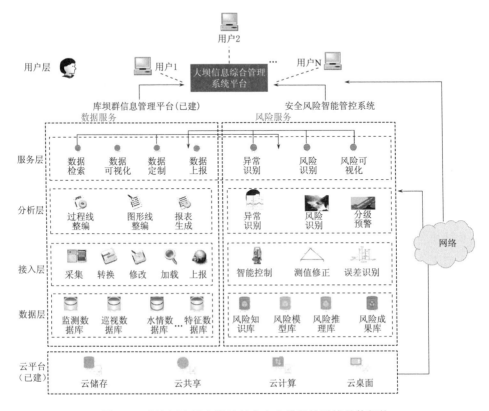

图 7.1　大渡河流域大坝运行安全在线监控系统总体架构

7.2　系统开发流程与功能规划

7.2.1　系统开发流程

　　大渡河流域大坝运行安全风险在线监控系统具有从感知识别到预警调控的闭环结构特征，系统研发时首先按智能感知、异常识别、风险预警、响应调控等递进机制划分系统模块，并结合大渡河公司实际情况搭建数据服务、云平台支持等运行环境，再构建并编制所需的模型和算法，设计数据库、调用接口等，并完成智能感知、异常识别、风险识别预警等核心功能模块研发，最后与大渡河流域大坝信息综合管理系统平台进行集成联调和测试，并启动系统运行与优化，其开发流程如图 7.2 所示。

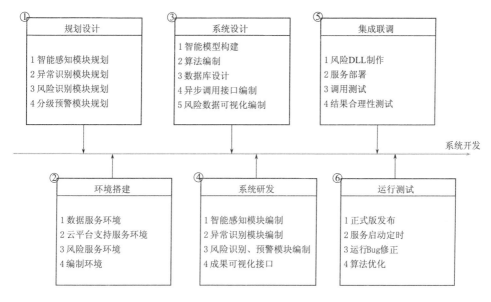

图 7.2　大渡河流域大坝运行安全在线监控系统开发流程

7.2.2　系统数据流程

系统通过新源数据自动触发或根据用户指令，首先启动数据异常识别，对判别异常的数据触发启动异变诱因辨识，并将可靠的数据存入大坝信息综合管理系统平台，供查询或调用。然后实时启动安全性态在线监控或定期启动安全性态综合评判，自动计算各关键指标值，并划分风险等级，实现大坝安全风险实时评估和超前预警。最后根据风险等级分类分层预警，并触发启动加密监测、缺陷修复等响应决策，及时核实和处理安全隐患，并在方案实施后进行后评判和知识累积，形成大坝安全管控不断演进的闭环管理模式，如图 7.3 所示。

7.2.3　系统功能规划

1. 系统功能划分原则

（1）多层次的模块化、结构化原则。系统与模块之间、模块与子模块之间应保证良好的功能关联性；整个系统应呈现以系统、模块和子模块为单位的多层次结构。

（2）高聚合、低耦合的原则。系统和模块内部要有充分的内在联系，内部功能单一，有较强的独立性。模块之间、系统之间的关联应尽量少。

（3）适应扩充和便于分阶段实施的原则。系统功能划分以便于系统分阶段实施为原则，同时考虑系统变化和系统扩充的需要。

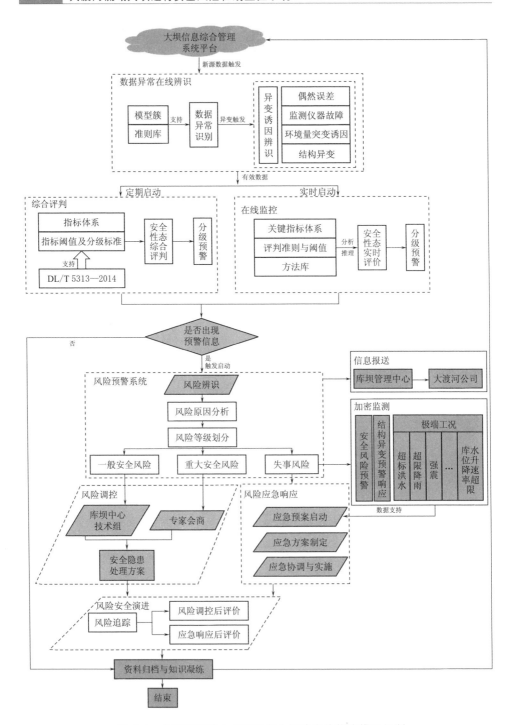

图 7.3　大渡河流域大坝运行安全风险在线推演辨识机制

2. 系统主要功能模块

结合大渡河流域梯级水电站坝群安全管理自身特点，大坝运行安全风险在线监控系统主要包括信息智能感知与处理、数据异常在线辨识、安全风险动态评估、安全风险预警响应等核心功能，提供数据异常识别、异变诱因辨识、安全性态在线监控、安全性态综合评判、风险预警响应等模块，系统功能模块结构层次如图 7.4 所示。

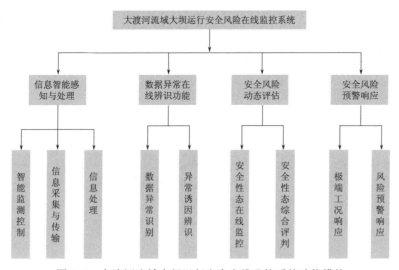

图 7.4　大渡河流域大坝运行安全在线监控系统功能模块

（1）信息智能感知与处理功能。主要包括智能监测控制、信息采集与传输、信息处理。该系统可接入大坝变形一体化智能测站、水下机器人等新型智能设备，以及大坝内部多类型传感器智能测控装置，利用公司局域网实现远程安全传输，集控于公司云数据中心。

（2）数据异常在线识别功能。主要包括数据异常识别和异常诱因辨识，实现大坝安全监测异常数据快速精准识别，并在线辨识结构异变和监测仪器故障、环境量变化等诱发的非结构性异变，同时提供异常测点信息及其过程线查询、审核、复测等功能。

（3）安全风险动态评估功能。主要包括安全性态在线监控和安全性态综合评判。安全性态在线监控根据实测新源数据实时评价大坝运行性态，安全性态综合评判则依据规范导则对大坝长期服役性态进行综合评价，同时提供预警准则、计算结果查询、评价报告自动生成等功能。

（4）安全风险预警响应功能。主要包括极端工况响应和风险预警响应。可根据风险等级及大洪水、强降雨、大地震等极端环境进行分级预警及信息报送，同时具备监测数据加密采集、远程会商等应急处理功能。

7.3 系统功能简介

7.3.1 信息智能感知与处理

大渡河流域大坝安全监测数据包括人工监测数据、自动化监测数据和外部变形智能测站数据等,其中人工监测数据和自动化监测数据已通过大渡河流域大坝信息综合管理系统平台实现远程集控管理。公司通过自主研发高精度三维形变智能测站、北斗三频导航监测终端、无人机抛投式监测装置、基于PLC+的新型监测传感器智能测控装置等,结合现代高新监测与检测技术,形成了集"空天地水体"为一体的多源多维多尺度大坝安全监控体系,实现了大坝内外观状态的自动监测与智能感知,典型功能界面如图7.5~图7.7所示。

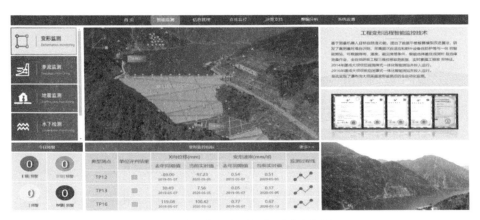

图 7.5 大坝外观变形智能测站功能界面

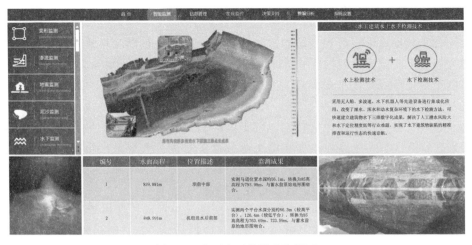

图 7.6 库区水下监测功能界面

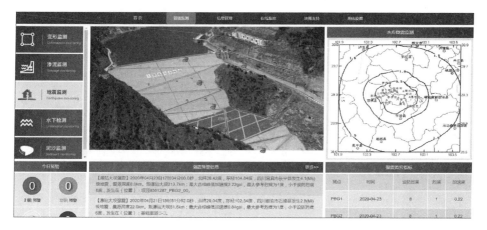

图 7.7 强震感知功能界面

7.3.2 监测数据异常在线辨识

数据异常在线辨识功能包括数据异常识别和异变诱因辨识两大功能模块。系统采用新源数据实时触发启动，首先在线自动识别监测数据是否异常，若异常则自动触发三次远程反馈校验，以辨识并消减系统偶然误差诱发的异变；未消减的异变则进阶触发空间同步性和区域一致性校验，开展环境量变化引起的结构响应值分离，进一步辨识监测设施故障和环境变化响应诱发的异变，实现结构异变和非结构异变的分类辨识，同时结构性异变触发安全风险实时评判功能。

数据异常在线辨识系统设置了包含数据异常识别模型和诱因辨识模型在内的模型库，包括统计回归、稳健回归、机器算法及测线、断面、整体等不同维度的空间模型等，以及 3σ 准则、MZ 准则、测量精度范围等在内的准则库。根据历史数据序列特性，综合考虑识别精度和计算效率，自动匹配其适宜的识别模型，如规律性较好的数据序列采用 3σ 判定准则以加快计算效率，台阶型、震荡型、小量值等数据类型采用 MZ 阈值准则以保证识别精度。该系统允许用户选择数据序列提取的时间间隔，默认显示异常测点和环境量历时过程线，对达到预警条件的测点同时提供同类测点的典型分布图等，其典型功能界面如图 7.8 所示。

7.3.3 大坝安全风险动态评估

大坝安全风险动态评估包括大坝安全性态在线监控和安全性态综合评判两大模块。

1. 大坝安全性态在线监控

大坝安全性态在线监控模块设置了土石坝、重力坝和闸坝等不同类型大坝

165

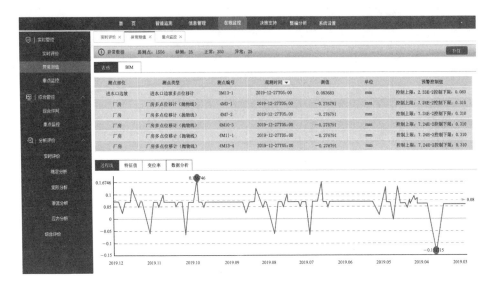

图 7.8　数据异常辨识功能界面

安全在线监控的关键指标体系，并参考相关规范、力学分析与反分析计算成果、设计控制值、运行单位经验等，初步设置了各指标预警阈值及各类监测量的管控值。鉴于大渡河流域梯级群坝赋存运行环境复杂，大坝安全涉及因素庞杂，精准定义监控指标及实时量化评估难度大，该指标体系及其相应阈值可根据大坝运行环境与状态适时率定，系统允许授权用户修改、增加或删除关键监控指标及预警阈值，其典型功能界面如图 7.9 所示。

图 7.9　大坝安全性态在线监控功能界面

　　该模块同时提供稳定分析、变形分析和渗流分析等辅助决策功能。在此，以瀑布沟工程为例，对其辅助决策功能进行介绍。

　　（1）稳定分析。系统提供瑞典圆弧法和简化毕肖普法两种坝坡稳定计算方法，自动调取大坝上下游实时水位、坝体渗压实测值和淤沙高程等参数，实时计算上游、下游坝坡稳定安全系数，并默认显示其最危险滑面，如图7.10所示。系统根据设计资料及检测信息等设置默认的计算参数，允许授权用户对其修改。

图 7.10　瀑布沟大坝边坡稳定分析界面

　　（2）变形分析。变形分析包括变形特性分析和不均匀变形分析。变形特性分析实时展示大坝变形典型分布图，方便用户掌控大坝整体变形特性，同时提供各变形测点异常测值查询功能，并对预警测点采用亮光显示，方便用户快速定位并及时复核数据。系统默认提供大坝坝顶变形分布图、大坝外部变形整体分布图、大坝典型断面变形分布图等。不均匀变形分析主要针对坝顶、基础廊道连接处等，可实时提供坝顶上游、下游侧不均匀变形，以及坝顶变形倾度、基础廊道左右岸连接处不均匀变形等历时过程线，并提供其量值查询功能。典型功能界面如图7.11所示。

　　（3）渗流分析。渗流分析包括渗压折减系数、渗透坡降和大坝总渗漏量等，系统可实时计算心墙后渗压折减系数、主副防渗墙渗压折减系数、坝基渗透坡降、大坝总渗漏量及两岸渗流量占比等，同时提供心墙内部渗压、基础渗透坡降、防渗墙后渗压折减系数等分布图，以及大坝总渗流量、主防渗墙渗压折减系数、坝基渗透坡降等历史过程线图，并提供实测值与设计值的对比，亮色显示超限部位，方便用户快速定位并及时查询数据，典型界面如图 7.12 所示。

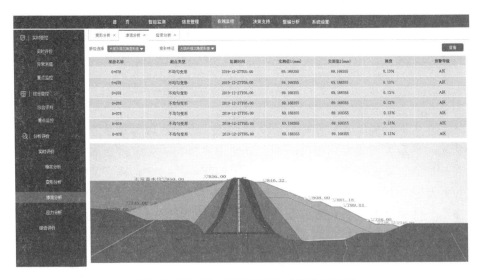

图 7.11　瀑布沟大坝变形特性分析功能界面

图 7.12　瀑布沟大坝渗流特性分析功能界面

　　大坝安全性态在线监控预警等级划分为Ⅳ级、Ⅲ级、Ⅱ级和Ⅰ级四级，见表 7.1。黄色预警送达库坝中心，橙色预警送达库坝中心高层管理人员，红色预警送达大渡河公司风控系统。

表 7.1　　　　　　　大坝运行安全在线监控风险等级划分标准

风险等级	正常	Ⅳ 级	Ⅲ 级	Ⅱ 级	Ⅰ 级
风险评价	工程运行性态正常	风险源防控整体较好，但存在异常情况，需要加强监测	存在一般安全隐患，应采取措施	存在较大安全隐患，应及时处理	存在失事风险，应适时启动应急响应
预警等级	绿灯提示	蓝色预警	黄色预警	橙色预警	红色预警

2. 大坝安全性态综合评判

大坝安全性态综合评判以《水电站大坝运行安全评价导则》（DL/T 5313—2014）为依据，以实际监测数据为基础，从设计安全标准、防洪、坝基、大坝结构安全度、运行性态、泄洪消能设施、金属结构、边坡状况等八个方面构建水电站大坝运行安全综合评价指标体系，定期综合评价大坝运行安全性态，实现安全风险超前预警，防患于未然，提高大坝安全保障和管理能力。采用行业规范、置信区间或参考类似工程经验等方法拟定评价指标的分级预警阈值，并根据设计值、控制值、巡视值、时效趋势等综合评定各指标的评价等级。

模型触发条件包括设定监控时间（通常设为一年）和人工启动两类。综合评判触发后，自动根据系统设置的评价体系，调用评价期内的数据形成时空多维向量，依据《水电站大坝运行安全评价导则》（DL/T 5313—2014）要求，按照风险管理的理念综合评定大坝安全等级为正常坝（A级或 A⁻级）、病坝（B级）或险坝（C级），为决策和应急方案制定提供技术支持，具体综合评价准则及分级详见表 7.2，典型功能界面如图 7.13 所示。

表 7.2　　　　　　　大坝运行安全在线综合评价准则与等级划分

评价目标	评 价 准 则	等 级	
大坝安全风险综合评价	所有评价指标的评价意见全为 a 级时	A 级	正常坝
	所有评价指标的评价意见中有一个以上 a⁻级，无 b、c 级时	A⁻级	
	所有评价指标的评价意见中有一个及以上为 b 级，无 c 级时	B 级	病坝
	所有评价指标的评价意见中有一个为 c 级时	C 级	险坝

7.3.4　大坝安全风险响应

大坝安全风险预警响应包括极端工况响应和风险预警响应两项模块。

1. 极端工况响应

在大洪水及超标洪水、暴雨、地震、库水位骤升骤降等极端情况下，系统自动启动加密监测工作，加密监测频次则根据极端工况预警级别和持续时间进行设置，并允许授权用户修改。以瀑布沟大坝为例，其加密监测的内容见

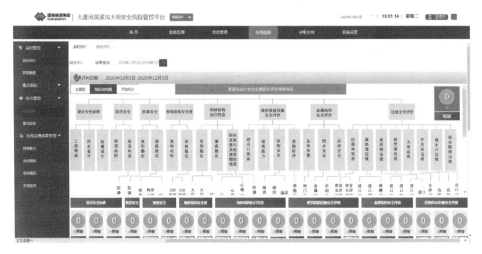

图 7.13　大坝运行安全性态综合评价功能界面

表 7.3，其加密监测频次如下：

（1）当达Ⅳ～Ⅰ级预警标准但持续时间较短（一般为 0.5 天）或大坝监测数据无异常，加密监测次数不少于 1 次；当达Ⅳ～Ⅰ级预警标准且持续时间超过 3 天或大坝监测数据发生异常或巡查发现异常时，预警期间监测频次根据预警级别分别不少于 1 次/天（达Ⅳ级）、2 次/天（达Ⅲ级）、4 次/天（达Ⅱ级）、6 次/天（达Ⅰ级）。

（2）当大坝遭遇Ⅲ级及以上预警标准（库水位骤升骤降速率超过设计值）时，考虑时效因素影响，预警解除后一月内，对大坝主要监测项目进行全面分析评价。

表 7.3　　　　　　　　　　瀑布沟大坝加密监测内容设置

加密监测内容		巡查内容	重要信息
自动监测	人工监测		
大坝外部变形；廊道真空激光、结构缝；大坝、厂房渗流量；心墙、堆石区、防渗墙渗压；坝肩渗压、绕坝渗流；防渗墙应力-应变等	廊道真空激光、结构缝；大坝渗流渗压（包括大坝、厂房渗流量；心墙、堆石区、防渗墙渗压；坝肩渗压、绕坝渗流；防渗墙应力-应变等	大坝监测设备设施状况；大坝（含坝顶、坝前、坝坡、坝趾压重区）、廊道、坝肩等部位渗漏、裂缝、错动、坍塌等	设计（超标）洪水、库水位升降速率、地震等情况下大坝及廊道变形；大坝渗流渗压（包括大坝、厂房渗流量；心墙、堆石区、防渗墙及坝肩渗压、绕坝渗流）及重要的裂缝、结构缝变化等

　　极端工况预警等级则根据大渡河流域汛情、险情和灾情特点，依据入库流量、地震等因素，结合对大坝可能造成的影响程度综合设置。以瀑布沟为例，

系统将大洪水及超标洪水、地震、暴雨等预警等级分为四级，由低到高依次为Ⅳ级、Ⅲ级、Ⅱ级、Ⅰ级。

（1）大洪水及超标洪水工况。瀑布沟大坝遭遇大洪水及超标洪水工况下预警等级划分主要依据入库流量，见表7.4。

表7.4　　　　瀑布沟大坝遭遇大洪水及超标洪水工况下预警等级划分

预警级别	Ⅳ级	Ⅲ级	Ⅱ级	Ⅰ级
流量/(m³/s)	$5000 \leqslant Q < 8230$	$8230 \leqslant Q < 9460$	$9460 \leqslant Q < 11500$	$Q \geqslant 11500$

（2）暴雨工况。区域性或流域性暴雨对大坝安全造成一定影响，瀑布沟大坝暴雨工况的预警等级划分，见表7.5。

表7.5　　　　　瀑布沟大坝遭遇暴雨工况下预警等级划分

预警级别	Ⅳ级	Ⅲ级	Ⅱ级	Ⅰ级
降雨量/mm	局部将有暴雨 $(h=50)$	发生大暴雨 $50 \leqslant h < 100$	发生特大暴雨 $100 \leqslant h < 150$	发生超大暴雨 $150 \leqslant h$

（3）地震工况。瀑布沟大坝地震工况下预警等级划分主要依据震中距、里氏震级、近震震级等指标，见表7.6。

表7.6　　　　　　瀑布沟大坝地震工况下预警等级划分

预警等级	划分依据		
	震中距 Δ/km	里氏震级 M	近震震级 ML
Ⅳ	$50 \leqslant \Delta < 100$	$3.0 \leqslant M < 4.0$	$3.6 \leqslant ML < 4.5$
	$100 \leqslant \Delta < 200$	$4.0 \leqslant M < 5.0$ 或24h内连续3次 $3.0 \leqslant M < 4.0$	$4.5 \leqslant ML < 5.4$ 或24h内连续3次 $3.6 \leqslant ML < 4.5$
Ⅲ	$10 \leqslant \Delta < 50$	$3.0 \leqslant M < 4.0$	$3.6 \leqslant ML < 4.5$
	$50 \leqslant \Delta < 100$	$4.0 \leqslant M < 5.0$ 或24h内连续3次 $3.0 \leqslant M < 4.0$	$4.5 \leqslant ML < 5.4$ 或24h内连续3次 $3.6 \leqslant ML < 4.5$
	$100 \leqslant \Delta < 200$	$5.0 \leqslant M < 6.0$ 或24h内连续3次 $4.0 \leqslant M < 5.0$	$5.4 \leqslant ML$ 或24h内连续3次 $4.5 \leqslant ML < 5.4$
Ⅱ	$\Delta < 10$km	$3.0 \leqslant M < 4.0$	$3.6 \leqslant ML < 4.5$
	$10 \leqslant \Delta < 50$	$4.0 \leqslant M < 5.0$ 或24h内连续3次 $3.0 \leqslant M < 4.0$	$4.5 \leqslant ML < 5.4$ 或24h内连续3次 $3.6 \leqslant ML < 4.5$
	$50 \leqslant \Delta < 100$	$5.0 \leqslant M < 6.0$ 或24h内连续3次 $4.0 \leqslant M < 5.0$	$5.4 \leqslant ML$ 或24h内连续3次 $4.5 \leqslant ML < 5.4$
	$100 \leqslant \Delta < 200$	$6.0 \leqslant M < 7.0$ 或24h内连续3次 $5.0 \leqslant M < 6.0$	24h内连续3次 $ML \geqslant 5.4$

预警等级	划 分 依 据		
	震中距 Δ/km	里氏震级 M	近震震级 ML
I	$\Delta<10$	$M\geqslant4.0$ 或 24h 内连续 3 次 $3.0\leqslant M<4.0$	$ML\geqslant4.5$ 或 24h 内连续 3 次 $3.6\leqslant ML<4.5$
	$10\leqslant\Delta<50$	$M\geqslant5.0$ 或 24h 内连续 3 次 $4.0\leqslant M<5.0$	$ML\geqslant5.4$ 或 24h 内连续 3 次 $4.5\leqslant ML<5.4$
	$50\leqslant\Delta<100$	$M\geqslant6.0$ 或 24h 内连续 3 次 $5.0\leqslant M<6.0$	24h 内连续 3 次 $ML\geqslant5.4$
	$100\leqslant\Delta<200$	$M\geqslant7.0$ 或 24h 内连续 3 次 $6.0\leqslant M<7.0$	—

（4）库水位骤升骤降工况。根据《瀑布沟水电站水库运用与电站运行调度规程（2015 年）》，库水位骤升骤降工况见表 7.7。

表 7.7   瀑布沟大坝库水位骤升骤降工况汇总

库水位工况	库水位高程/m	水 位 升 降 速 率 /m			
		每天	每周	每旬	每月
骤升工况	790～820	≤3	—	≤15	≤30
	820～841	≤2.5	—	≤11	—
	841～850	≤1.2	—	≤7	—
骤降工况	830 以上	≤1.5	≤6.0	—	≤20
	830 以下	≤2.0	≤8.0	—	≤25

2. 风险预警响应

大坝安全风险预警信息触发风险预警响应，系统通过短信、App、邮件、微信等多种方式实现预警信息发布，并通过系统预设的推送规则，将不同级别的预警信息推送到不同层级的管理人员，实现分级管理，提高处理安全隐患的工作效率。当预警信息产生后系统自动触发大坝加密监测，加密监测内容、频次等依据加密监测方案进行，并自动提供短信和报表信息报送两种模式，其典型报送流程如图 7.14 所示。短信报送主要内容包括发生时间及部位、重要或异常信息描述，如该部位及相关区域物理量变化情况、与历史极值或近期测值比较趋势性变化情况、是否属于异常、结合巡查得出的初步结论及评价等。报表信息则包括环境量、本次测值、近期测值、历史极值、年最大变幅、变化速率等统计表，以及变化较大或有异常变化的典型测点过程线和典型部位分布图等。针对高等级的风险信息适时发起会商决策，同时利用移动互联网等手段快速下达指令，督促及时整改和响应。响应完成后，系统再进行评判和知识累积，形成大坝安全风险管控不断演进的闭环管理模式。

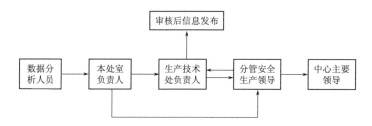

图 7.14　大坝加密监测信息报送流程图

8

大坝运行安全风险管控发展趋势

8.1 大数据驱动的大坝安全风险智能管控

水库大坝作为事关国计民生的重要基础设施，必须保障水库大坝全生命周期安全可靠。传统意义上的大坝安全主要是指工程结构自身的安全。进入水利水电建设新时代，大坝安全有了新的内涵，即从工程结构自身安全向溃坝风险控制转变，从工程绝对安全向承受适度风险转变，从单一采用工程措施向综合采用工程和非工程措施转变，正逐渐向大坝安全风险智能化、智慧化管控的方向发展。目前，大坝安全风险管控的信息化、智能化水平仍不高，融合数字化、智能化、智慧化手段进行大坝安全风险识别和风险评判的程度仍不够，限制大坝安全风险识别、评估和应急决策响应的时效性和准确性，利用信息技术对大坝安全监测检测、巡视检查、除险加固和抢险救灾等应急能力建设的技术革新支撑力度不足，对应急响应和风险决策的辅助作用仍不明显，对标"大坝安全风险智能管控"的要求差距仍然较大。

随着全球气候变化，极端暴雨、洪水、地灾事件发生的频率和强度不断增大，对梯级水电站大坝运行安全构成了巨大威胁。梯级水电站大坝运行安全数据信息具有数据量大、维度高、多源异构、时空变异性强等特点，传统分析方法对梯级大坝运行安全大数据分析的有效性与准确性尚存不足。大数据技术为梯级水电站大坝运行安全数据信息的共享、整合、分析、挖掘和决策提供了有效手段和极大便利，伴随着"互联网＋"、物联网、云计算、人工智能和5G通信等新理念、新技术、新方法在大坝安全管控领域的深度应用，梯级大坝运行安全数据的获取手段、传输效率、应用部署方式、服务模式、数据生产与处理方法等随之发生了深刻的变化，使安全大数据呈现出获取众源化、数据存储模式多样化、分析服务综合化等特点，为大坝安全风险智能管控带来了新的发展机遇。如何通过梯级水电站大坝全生命周期安全大数据的采集，实现数据驱动设备消缺管理、数据驱动监测作业管理、数据驱动风险管控、数据驱动综合监管，从全景式大数据分析角度，提取关键性的安全影响因子，并提供更系统有效的安全管控技术，提升梯级大坝整体运行可靠性，是我国大型流域梯级库坝安全管理向更高层次发展的重要需求。

大数据驱动的大坝安全风险智能管控的基础是数据。当前，感知不足仍然是大坝安全风险智能管控的短板，由于感知不足导致数据信息不够，难以满足风险智能评估预警的需要。因此，需要推进构建"空天地水体"一体化"大感知"网络，实现涉及水库大坝安全的所有对象的智能化感知，包括大坝安全监测、水工巡检、闸门开度和设备运行状态等。梯级坝群安全风险感知应以自动化、数字化、网络化为基础，利用自动传感、移动终端、体感监控、高清感控等传感设备，采用统一采集标准及通信协议，对大坝监测数据、工情数据、环境数据、边界信息等多源数据进行实时采集，自动识别、分析、融合、处理数值、文字、图像和影音等多模态数据，实现流域梯级库坝群安全智慧感知。因此，需要不断探索运用"云大物移智"新一代信息技术，构建自动化、数字化和智能化的监测信息感知体系，提高自动化监测覆盖率，实现智能传感（如地表位移一体化智能测站）、智能采集（如低功耗混合式数据采集技术、物联网终端采集技术）和智能巡检（如移动终端巡检、机器人巡检、无人机巡检、图像识别技术），提高大坝运行状态的感知能力。同时，构建业务量化、集成集中、统一平台和智能协同的信息管控平台，融合汇聚库坝安全风险相关的各种要素信息，形成具备自感知、自学习、自分析、自决策、自执行和自适应能力的智慧化风险管控模态，为水库大坝及库岸边坡长期安全稳定运行提供坚强保障。

大数据驱动的大坝安全风险智能管控的关键在于多维度安全大数据智能分析挖掘。数据挖掘的目标是发现数据的规律，挖掘数据中隐藏的信息，从而辅助制定决策等。大数据技术的日趋成熟，为多维度、多层次、多群体、多因素的梯级大坝安全大数据智能分析挖掘提供了可能。数据挖掘可以有效识别提取数据中蕴含的规律、趋势和关系，获得对库坝工程运行性态的基本认识，构建工程安全风险知识库，应用多源多模态数据融合、层次推理等方法，智能评估大坝安全风险状态，自动识别可能存在的安全隐患和薄弱区域，分析可能的原因，提升库坝安全风险科学化管理水平。由于大数据技术的分析、预判功能，可以运用大数据、云计算等现代技术，研究顾及时空特征的分布式梯级大坝安全信息获取与分析方法、空天地观测数据驱动的大坝安全多因素时空耦合动态预测预警方法，构建基于典型故障和灾害情景的梯级大坝导向式应急决策分析模型，构建包含数据存储和共享、数据安全、数据挖掘和数据可视化等于一体的梯级大坝安全大数据综合决策分析平台，为梯级大坝运行安全分析、预警、后果评估和应急救援等提供决策支持。

大数据驱动的大坝安全风险智能管控的目标在于大坝安全风险智能诊断与评估预警。随着物联网、人工智能和大数据分析技术的发展，实现梯级水电站大坝运行安全智能诊断与评估预警,如大坝运行状态的自主评判、自动分析故障成因、故障部位快速定位、安全风险智能预测预警等,是未来发展的主要趋势。在大坝安全智能评估预警中存在大量不确定因素,需要综合集成大数据挖掘、深度学习、知识图谱和系统动力学等方法,构建梯级大坝安全风险多因素多模式识别模型,实现风险源及破坏模式智能识别、故障成因智能诊断、灾害链智能推演等。其中,将专家系统、模糊逻辑、实例推理相结合进行大坝安全智能诊断与评估预警是重要发展方向之一。在专家系统中引入模糊逻辑可以克服由于数据信息等的不确定性、不精确性导致的风险误判漏判等问题。在专家系统中融入基于实例推理的诊断方法可以缩短问题求解途径,提高推理效率,在知识表达不尽理想或领域知识获取不完备、不精确的情况下,能利用原有经验教训,避免重犯错误,缩短诊断时间。

综上所述,大数据驱动的大坝安全风险智能管控是我国大型流域梯级库坝安全管理向更高层次发展的重大需求。为此,需要融合大数据、人工智能等先进信息技术,深化智能感知、智能分析评判、智能辅助决策等大坝安全风险智能管控关键技术研究。建设打通大坝安全风险智能管控各环节信息互联互通的数据中台,深度挖掘大坝运行数据,构建多源信息融合的大坝安全风险实时评判和年度风险综合评估体系,安全风险实时评判主要基于大坝安全态势感知信息,侧重管控关键部位安全性态、监测数据时序和空间变化趋势,实时掌控大坝结构异变;年度风险综合评估大坝结构性态和安全状况,实现安全风险超前预警,防患于未然。融合水情、气象、监测、检测、地震和地灾等多源信息,深化风险智能识别与监控预警关键技术,推进多源数据融合的风险综合分析预警研究,实现库坝安全风险的智能感知、风险识别、分级预警和智能管控。开展大坝安全多要素协同管控关键技术研究与应用,深度挖掘大坝建设、运行海量数据,构建多源信息融合的大坝安全性态综合评判体系,实现大数据驱动的梯级坝群安全风险智能管控,提高大坝安全保障和管理能力。

8.2　基于数字孪生的大坝运行安全管控

智慧水利是新时代水利高质量发展最显著的标志,是提升水利决策管理科学化、精准化、高效化能力和水平的有力支撑。推进智慧水利建设是贯彻落实习近平总书记重要讲话指示批示精神和党中央、国务院重大决策部署的明确要求,是适应现代信息技术发展形势的必然要求,是强化水利工程治理管理的迫切要求。数字孪生流域和数字孪生水利工程建设是推动新时代智慧水利发展的实施路径和最重要内容之一,数字孪生流域是智慧水利的核心和关键,数字孪生水利工程是数字孪生流域最重要的组成部分。水利部已印发《数字孪生水利工程建设技术导则（试行）》，秉承"需求牵引、应用至上、数字赋能、提升能力"的要求，全面推进算据、算法和算力建设，加快建设数字孪生流域和数字孪生水利工程，实现数字化转型、智能化发展，为包括水库大坝在内的大规模水利建设与管理提供现代信息技术的强有力支撑。三峡、南水北调、小浪底、丹江口、岳城、尼尔基、万家寨和大藤峡等大型工程，将先行建设具有预报、预警、预演和预案功能的数字孪生水利工程，以促进数字孪生水利工程在全国范围推广建设，加快信息技术和水利建设与管理的深度融合发展。

数字孪生是与物联网密切相关的一个概念，通过集成物理反馈数据，辅以人工智能、机器学习和软件分析，在信息化平台内建立模拟现实物理实体、流程或者系统的数字孪生。数字孪生会根据反馈，随着物理实体的变化而自动做出相应的变化。借助于数字孪生，可以在信息化平台上了解物理实体的状态，并对物理实体的状态变化进行预测。理想状态下，数字孪生可以根据多重的反馈源数据进行自我学习，几乎实时地在数字世界里呈现物理实体的真实状况。数字孪生的反馈源主要依赖于各种传感器，如位移、应力-应变、渗压传感器等。数字孪生的自我学习（或称机器学习）除了可以依赖于传感器的反馈信息，也可以通过历史数据进行学习。

数字孪生水利工程是以物理水利工程为单元、时空数据为底座、数学模型为核心、水利知识为驱动，对物理水利工程全要素和建设运行全过程进行数字映射、智能模拟、前瞻预演，与物理水利工程同步仿真运行、虚实交互、迭代优化，实现对物理水利工程的实时监控、发现问题、优化调度的新型基础设施。基于数字孪生的大坝运行安全管控是数字孪生水利工程最重要的业务应用之一。随着高精度传感技术、多领域多模型融合技术、全寿命周期数据管理技术以及高性能计算技术的不断发展，大坝运行安全管控智能化、智慧化发展前景变得更加广阔，这些现代技术支撑其向功能更完备、计算更准确、分析更智能的方向发展，并开始向基于数字孪生的大坝运行安全管控方向迭代演进。作为更高一级的大坝运行安全智能管控技术，基于数字孪生的大坝运行安全管控在集成各种先进技术（如大数据驱动的大坝安全风险智能诊断与评估预警技术）的基础上，能够实现大坝建设与运行全过程安全监控，在复杂环境和运行工况下实现大坝安全状态的快速实时分析诊断和风险等级预测预警，并在此基础上进一步实现大坝安全风险推演和风险调控决策支持。

基于数字孪生的大坝运行安全管控，需要搭建融合机理模型、数据驱动智能模型平台，拓展提升模型算力，为构建业务应用提供算法支持。采用知识图谱构建技术，充分应用历史经验和大坝安全专业知识，基于多源异构标准化知识提取方法，构建专业逻辑知识与大数据知识融合的大坝运行安全领域知识库；根据大坝运行安全管控业务应用需求，重点开发安全监控专业模型、风险智能分析模型和大坝运行状态可视化模型等，为准确模拟和映射物理世界提供算法支持。建设大坝安全知识库、风险评判准则库、风险调控规则库、应急预案经验库与大坝运行安全管控智能引擎，构建大坝运行安全危险源与风险辨识知识图谱，建立大坝安全风险-监测信息耦联机制，揭示工程安全状态与具体监测成果的关联关系，实现基于知识图谱和监测数据驱动的风险智能调控，为大坝运行安全风险实时调控和应急预案优化提供支撑。

数字孪生的特征在于"以实映虚、以虚控实"。因此，基于数字孪生的大坝运行安全管控需要结合 BIM、GIS、VR/AR 等技术，实现真实大坝物理信息在虚拟数字孪生的合理呈现和交互反馈。通过大坝枢纽和近坝库区实景化建模，实现三维全景虚拟仿真及模拟运行，生动、友好、直观、高保真展示工程建筑物及地基边坡的空间信息，为大坝运行安全管控提供数字场景快捷交互响应与可视化平台。在此基础上，可以进一步研发基于 GIS＋BIM 的大坝安全应急数据交换与共享系统、大坝安全灾害影响分析系统、大坝安全突发事件危机反馈系统，建立大坝安全突发事件应急处置辅助决策支持平台，与电子政务信息平台深度融合，搭建大坝安全减灾救灾应急指挥系统，有力支撑水库大坝全生命周期运行安全管控，特别是在气候变化导致极端工况出现频次增加的情况下，确保大坝安全风险依然可控。

目前，大坝运行安全管控信息平台在监测成果与结构信息的可视化交互方面的功能尚不完善，不能及时反映监测成果所代表的结构健康状态，提升安全监测可视化分析功能的需求越来越迫切。近年来，基于 BIM 技术的监测成果可视化和辅助分析已成为国内外研究热点。基于数字孪生的大坝运行安全管控有必要引入 BIM 技术实现监测信息的三维可视化，以大坝结构、地质条件、监测布置等各项相关信息数据作为基础，建立大坝安全监测三维数字化模型，为大坝安全管理部门提供信息交互与共享的可视化平台，实现大坝安全监测信息的互联互通与数据共享，提高监测信息分析的交互性和效率。基于三维可视化平台，可以对水工安全监测、巡视检查等综合业务进行全景式的信息查询与分析，提供形象化、直观化、交互式的全景展示手段，促进大坝安全监测和运行维护的信息化、智能化转型。结合实测数据训练人工智能模型，模拟不同工况大坝形变、渗流、应力等结构性态，预测极端工况的大坝安全性态，并进行三维可视化展示，通过虚拟仿真指导大坝安全运行，支撑大坝智慧化运行管理。

8.3 流域梯级坝群安全风险协同管控

在流域梯级坝群长期运行期间，可能遭遇超标洪水、超常暴雨、超强地震、大范围持续强降雨、大型地质灾害等极端工况，再叠加工程隐患与管理不当等不利因素，工程出现险情和安全事故在所难免。流域梯级坝群是一个风险大系统，工程安全风险在梯级库坝群内部存在复杂的耦联关系。流域中某一座大坝出现险情和事故，不仅影响自身的安全和正常运行，其安全风险还会在梯级坝群系统内部传递、转移、叠加和放大。由于梯级坝群上下衔接，梯级坝群系统内部的风险传递和联系主要受梯级间河道流量（洪水）及流量变化引起的库水位突变的影响。梯级坝群系统内部风险具有上下双向传递的耦联关系和特征，即上游梯级的风险会传递至下游梯级；反之，下游梯级的风险也会传递至上游梯级。例如，当上游大坝遭遇极端不利工况发生重大安全风险事件（如溃坝或汛期出现重大险情，为确保工程安全必须降低水位运行）后，直接导致的结果就是枢纽下泄流量的激增，进而增大下游水库入库流量，使下游大坝的坝前水位快速上升或长时间高水位运行，给下游大坝安全运行带来威胁，因而形成上游梯级风险向下游梯级的传导。而当下游大坝遭遇重大险情时，必须降低坝前水位，此时上游水库需要减小下泄流量，则上游大坝的坝前水位将快速升高或长时间高水位运行，从而影响上游大坝的运行安全。图8.1为上游梯级大坝的安全风险向下游梯级大坝演进的逻辑架构。

目前，将流域梯级坝群作为一个整体，全面研究、分析和评价其安全性还较少见，现有的水库大坝安全评价标准和分析方式设定也均是基于"单库"模式，缺乏对单个水库大坝与梯级坝群整体安全的关联性考虑，尚未形成系统的梯级坝群安全管理及风险防控机制。由于坝高组合、库容组合、坝型组合不尽相同，梯级坝群抵御安全风险的能力是不同的，如不同库容的挡水建筑物、泄水建筑物在遭遇地震、暴雨、超标洪水等极端工况下的可靠性具有差异，漫顶对土石坝的影响就远大于对混凝土坝的影响。因此，流域梯级坝群的安全风险属于系统风险，安全风险的连锁效应将严重影响下游生命财产、基础设施和生态环境安全，所以梯级坝群安全风险的协同调控至关重要。梯级坝群安全风险调控主要以"调"为核心，以"控"为辅助，围绕重点工程和重点部位展开，通过提前预警和主动调控将风险控制在局部范围和较低水平，比如需要加强梯级中关键控制性工程的风险管控，从而提高梯级坝群整体安全水平，并在下游梯级大坝出现重大险情时，可以起到风险"调控器"的重要作用。因此，需要根据"梯级风险最小、风险合理分担、统一协调联动"的原则进行梯级坝群安全风险协同调控。梯级坝群安全风险协同调控包括主体协同、制度协同、利益协同、资源协同和信息协同等。主体协同是指各相关部门在参与风险调控过程中通过职责划分、信息互馈、会商决策等机制统一协调行动，避免互相掣肘，延误风险调控时机；制度协同是指各相关部门制定的风险调控规章规程等制度应协调一致，避免相互之间的矛盾和冲突；利益协同是指在确保不出现重大风险前提下尽量在安全效益和发电效益之间取得平衡，不厚此薄彼；资源协同是指根据各梯级电站安全风险情况及其影响合理分配风险调控资源，防止出现资

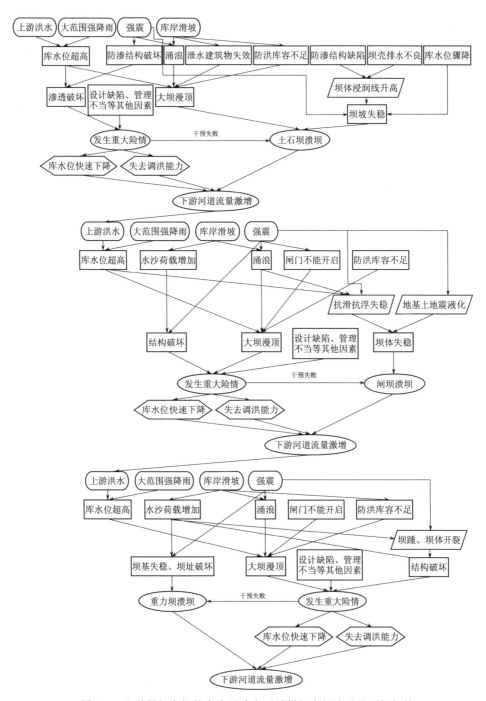

图 8.1　上游梯级大坝的安全风险向下游梯级大坝演进的逻辑架构

源紧缺与浪费的问题；信息协同是指安全风险信息能在各调控主体间互联互馈，避免信息失真、信息残缺、信息延滞等问题。

单个大坝安全风险多要素联合防控和梯级坝群安全协同管控涉及多个生产部门和职能部门。由于其职责和分工不同，在协同管控工作中难免出现冲突，因此实现流域梯级大坝安全协同管控的前提是目标协同。结合智能水电工程、智慧安全管理的发展需求，流域梯级坝群安全风险协同管控的总体目标是运用组织和制度资源打破管理壁垒，以流域典型区域梯级水电站为单元，各生产单位和职能部门从流域梯级水电站群智能自主安全运行的整体需要出发，共同规划和实施大坝安全风险降阶、水库及电力优化调度等，统筹安排，互相协调，互相监督，不断完善联防联控运行机制，持续提升协同创新能力和智能管控水平，最终达到保障梯级水电站长期安全、高效运行，实现流域综合效益最大化的目的。

梯级库坝群安全风险的协同管控涉及安全监测、雨情、水情、气象、环境、地震、地质灾害、重大设备运行、临时监测隐患点等多源信息采集，并且需要在多单位多部门间实现梯级库坝群安全风险信息的互联互通，打破信息孤岛，建立信息集控与共享机制，提高数据信息的有效利用率，促使安全风险信息准确、广泛、及时共享，实现部门间深度协作、流域危险源全覆盖、风险管理精细规范、闭环控制和互馈响应，在不大幅损失发电效益的前提下，通过各部门之间的平衡，联防联控，实现大坝风险的最小化。

打通信息共享和部门管理壁垒，建立库坝群安全协同管控的沟通协调机制，建立以库坝安全、发电效益为主要边界条件的梯级库坝安全-水库调度-电力调度协同运行互馈机制，保证流域梯级库坝群协同管控的可行性、高效性和经济性。利用移动互联网、物联网、云计算、大数据、人工智能等高新技术手段，搭建流域梯级库坝群安全风险联防联控平台，实现信息互联互通、部门间深度协作、流域风险全覆盖闭环管控，确保流域发电效益最大化和安全风险最小化。

实现梯级坝群安全风险协同调控的前提条件为：

（1）构建梯级坝群安全风险智能感知体系。我国西部大型流域的高坝大库多，地震、地质灾害频发，针对梯级坝群运行期安全风险协同管控难点，为实现安全风险信息的智能快速感知，需要交叉融合水工、测量、人工智能等多学科，建立"空天地水体"全要素多维度立体智能感知体系（卫星遥感监测平台、无人机航测系统、三维激光扫描、地基合成孔径雷达干涉测量、智能巡检机器人、水下无人潜航器等），构建智能感知监控体系。

（2）建立梯级坝群安全风险智能管控平台。基于"空天地水体"智能感知体系，通过多源信息融合，将水情、工情、监测、地震和地灾等海量信息进行集成化管控，按照多源信息智能感知──→多网互联实时传输──→流式数据在线辨识——→运行状态实时监控——→安全风险动态评估——→预警响应联动调控的流程，研发集风险感知、风险辨识、风险预警、风险调控为一体的梯级坝群多目标安全风险智能管控平台，实现梯级坝群安全风险的早期识别、分级预警和主动调控，提升洪水、地震、暴雨等极端环境下梯级坝群安全风险应急处置能力。

（3）形成梯级坝群安全风险协同调控机制。建立梯级坝群安全风险多部门协同调控新机制，协同防控可能出现的工程重大险情和安全事故。各生产单位和职能部门共同规划和实施梯级坝群安全风险降阶、水库及电力优化调度等方案，深化智慧调度等关键技术研究，打造"一站式调度会商平台"，逐步提高梯级坝群安全风险协同调控智慧化水平。以数字化库坝为基础，利用移动互联网、物联网、云计算、大数据、人工智能等高新技术手段，以"大感知、大传输、大存储、大计算、大分析"为基本运行方式，建立动态实时的全面感知、深度分析、风险管控的智慧化流域梯级坝群安全风险管理体系，做到梯级坝群安全风险管理事前有备、快速响应、措施精准、协调联动。

参 考 文 献

［1］ 李雷，王仁钟，盛金保，等 . 大坝风险评价与风险管理 ［M］. 北京：中国水利水电出版社，2006.

［2］ CASAGRANDE A. Role of the calculated risk in earthwork and foundation engineering ［J］. Journal of the Soil Mechanics and Foundations Division，1965，91 （4）：1-40.

［3］ 蔡跃波，盛金保 . 中国大坝风险管理对策思考 ［J］. 中国水利，2008 （20）：20-23.

［4］ 周兴波，周建平，杜效鹄，等 . 我国大坝可接受风险标准研究 ［J］. 水力发电学报，2015，34 （1）：63-72.

［5］ 徐耀，常清睿，于凌云 . 水库大坝风险等级评估方法研究及应用 ［J］. 中国水利，2017 （20）：34-37.

［6］ 孙金华 . 我国水库大坝安全管理成就及面临的挑战 ［J］. 中国水利，2018 （20）：1-6.

［7］ WANG Y F，SHEN D B，CHEN J K，et al. Research and application of a smart monitoring system to monitor the deformation of a dam and a slope ［J］. Advances in Civil Engineering，2020：9709417.

［8］ LI H B，LI X W，LI W Z，et al. Quantitative assessment for the rockfall hazard in a post-earthquake high rock slope using terrestrial laser scanning ［J］. Engineering Geology，2019，248：1-13.

［9］ DAI K R，LI，Z H，XU Q，et al. Time to enter the era of Earth-Observation based landslide warning system ［J］. IEEE Geoscience and Remote Sensing Magazine，2020，8 （1）：136-153.

［10］ 姜卫平，梁娱涵，余再康，等 . 卫星定位技术在水利工程变形监测中的应用进展与思考 ［J］. 武汉大学学报 （信息科学版），2022，47 （10）：1625-1634.

［11］ LAGINHA S J，COUTINHO-RODRIGUES J M，张翠勤 . 世界大坝失事临时统计情况 （1988 年） ［J］. 大坝与安全，1989 （Z1）：139-149.

［12］ ZHANG L M，PENG M，CHANG D S，et al. Dam failure mechanisms and risk assessment ［M］. SINGAPORE：John Wiley & Sons Singapore Pte. Ltd，2016.

［13］ SALAZAR F，MORÁN R，TOLEDO M Á，et al. Data-Based Models for the Prediction of Dam Behaviour：A Review and Some Methodological Considerations ［J］. Archives of Computational Methods in Engineering，2017，24 （1）：1-21.

［14］ NGUYEN L H，GOULET J A. Anomaly detection with the Switching Kalman Filter for structural health monitoring ［J］. Structural Control & Health Monitoring，2018 （2）：e2136.

［15］ 解家毕，孙东亚 . 全国水库溃坝统计及溃坝原因分析 ［J］. 水利水电技术，2009，40 （12）：124-128.

［16］ 谷艳昌，王士军，庞琼，等 . 基于风险管理的混凝土坝变形预警指标拟定研究 ［J］. 水利学报，2017，48 （4）：480-487.

［17］ 钟登华，时梦楠，崔博，等 . 大坝智能建设研究进展 ［J］. 水利学报，2019，50 （1）：

38－52，61.

[18] 何朝阳，许强，巨能攀，等．滑坡实时监测预警模型调度算法优化研究［J］．武汉大学学报（信息科学版），2021，46（7）：970－982.

[19] 刘家宏，周晋军，王浩．梯级水电枢纽群巨灾风险分析与防控研究综述［J］．水利学报，2022：1－11.

[20] 陈祖煜，程耿东，杨春和．关于我国重大基础设施工程安全相关科研工作的思考［J］．土木工程学报，2016，49（3）：1－5.

[21] 盛金保，李宏恩，盛韬桢．我国水库溃坝及其生命损失统计分析［J］．水利水运工程学报，2022：1－17.

[22] 岳清瑞，陆新征，许镇，等．基于"风险源＋承灾体＋减灾体"的城市安全表征"库-网-流-谱-法"理论框架［J］．工程力学，2022，39（11）：52－62.

[23] 马洪琪，卢吉，陈豪．澜沧江流域水电站大坝智慧管理实践与展望［J］．中国水利，2018（20）：7－11，19.

[24] 张宗亮，于玉贞，张丙印．高土石坝工程安全评价与预警信息管理系统［J］．中国工程科学，2011，13（12）：33－37.

[25] 钮新强．高面板堆石坝安全与思考［J］．水力发电学报，2017，36（1）：104－111.